GONGDIAN QIYE ZUOYE XIANCHANG
DIANXING WEIZHANG TUJIE FENXI

供电企业作业现场典型违章图解分析

国网四川省电力公司乐山供电公司 组编

内容提要

本书是《供电企业作业现场典型违章图解分析》系列丛书的第二分册——《变电检修》，针对变电检修专业变电一次、二次系统、高压试验、化学检验等工作中常见的典型违章行为，以正误对比的方式分别表现正确和典型违章行为，用“风险分析”“相关规定”“防范措施”三部分文字说明，对每一起典型违章进行解析，便于相关人员学习和掌握，切实提升安全技能和意识。

本书紧扣实际工作，适用于供电企业安全生产监督、管理人员及一线员工学习、阅读，也可作为安全教育、培训的学习参考资料。

图书在版编目（CIP）数据

变电检修 / 国网四川省电力公司乐山供电公司组编. — 北京：中国电力出版社，2015.2（2015.12 重印）
（供电企业现场作业典型违章图解分析）
ISBN 978-7-5123-6927-6

Ⅰ. ①变… Ⅱ. ①国… Ⅲ. ①变电所–检修–图解 Ⅳ. ①TM63-64

中国版本图书馆CIP数据核字（2014）第 303823 号

中国电力出版社出版、发行
（北京市东城区北京站西街 19 号 100005 http://www.cepp.sgcc.com.cn）
北京瑞禾彩色印刷有限公司印刷
各地新华书店经售
*
2015 年 2 月第一版 2015 年 12 月北京第二次印刷
710 毫米 × 980 毫米 16 开本 8 印张 137 千字
印数 2001—3500 册 定价 36.00 元

《供电企业作业现场典型违章图解分析　变电检修》

编　委　会

前 言

为进一步贯彻“安全第一、预防为主、综合治理”的方针，加强安全管理基础工作，国家电网公司根据《中华人民共和国安全生产法》和《国家电网公司安全工作规定》等法律法规及规章制度，于2014年1月印发了《国家电网公司安全生产反违章工作管理办法》，要求深入开展安全生产反违章，健全反违章工作机制，防止违章导致的事故发生。

为了配合《国家电网公司安全生产反违章工作管理办法》的宣贯、执行，国网四川省电力公司乐山供电公司组织专业人员，编写了《供电企业作业现场典型违章图解分析》丛书，共四个分册，分别为变电运维、变电检修、输电运检、配电运检四个安全生产主要专业。

长期以来，有关反违章的培训存在着教条化、形式化和不系统、不直观等诸多问题，对违章行为的表现、风险、后果讲述不到位，造成员工安全学习效果不佳。编写人员结合当前安全生产工作实际，以正误对比的方式分别表现电力生产日常作业和管理工作中的正确和典型违章行为，附加简要的“风险分析”“相关规定”“防范措施”文字说明，使有关安全学习、培训更系统、更直观、更生动、更形象，有助于一线生产人员和管理人员正确学习、理解和执行相关规程制度的内容和要求，有利于增强一线生产人员“识险、避险、排险”的能力，提升现场管理人员查纠违章行为、确保作业现场安全的能力，确保各类作业现场的安全和质量。

由于编者水平有限，书中难免有疏漏或不足之处，敬请广大专家和读者斧正。

编　者

2014年11月

目 录 Content

3 二次系统检修典型违章

4 试验化验典型违章

1 变电检修公共部分典型违章

1.1　未办理工作票就开始工作

【风险分析】造成工作人员触电伤亡或误动设备。

【相关规定】Q/GDW 1799.1—2013《国家电网公司电力安全工作规程　变电部分》6.3条：在电气设备上的工作，应填用工作票或事故紧急抢修单。

【防范措施】工作前应对作业现场进行勘察，填写相应工作票。其中，第一种工作票应提前一天送达工作许可人。工作许可前应会同工作负责人到现场再次检查所做的安全措施，对具体的设备指明实际的隔离措施，证明检修设备确无电压。

1.2 工作班成员未在工作票确认栏签字

【风险分析】触碰运行设备造成人身伤害。

【相关规定】Q/GDW 1799.1—2013《国家电网公司电力安全工作规程 变电部分》6.5.1 条：履行签字确认手续后，工作班方可开始工作。

【防范措施】应向工作班成员交代工作内容、人员分工、带电部位和现场安全措施，进行危险点告知，履行签字确认手续，对工作班成员进行抽问后，工作班方可开始工作。

1.3 作业人员擅自进入工作现场进行工作

【风险分析】误碰带电设备造成人身伤害。

【相关规定】工作许可手续完成后，工作负责人、专责监护人应向工作班成员交代工作内容、人员分工、带电部位和现场安全措施，进行危险点告知，并履行确认手续后，工作班方可开始工作。

【防范措施】工作许可人在完成施工现场的安全措施后，会同工作负责人到现场再次检查所做的安全措施，对具体的设备指明实际的隔离措施，证明检修设备确无电压；对工作负责人指明带电设备的位置、注意事项和工作负责人在工作票上分别确认、签名。

1.4 开工前，安全措施未经工作负责人和工作许可人现场确认

【风险分析】安全措施不完善，造成工作人员触电伤害事故。

【相关规定】Q/GDW 1799.1—2013《国家电网公司电力安全工作规程　变电部分》6.4.1.1 条：会同工作负责人到现场再次检查所做的安全措施，对具体的设备指明实际的隔离措施，证明检修设备确无电压。

【防范措施】开工前，工作负责人必须与工作许可人一同到现场检查所做安全措施，按照工作票所列安全措施逐条确认，确保所做安全措施正确完备，满足工作所需。

1.5 工作负责人在原工作票上私自增加新的工作内容

【风险分析】运行人员对设备运行状态不可控，可能造成电网事故或无操作。

【相关规定】Q/GDW 1799.1—2013《国家电网公司电力安全工作规程　变电部分》6.3.8.8 条：在原工作票的停电及安全措施范围内增加工作任务时，应由工作负责人征得工作票签发人和工作许可人同意。

【防范措施】严禁在原工作票上私自增加新的工作内容，若需在原工作票的停电及安全措施范围内增加工作任务时，应由工作负责人征得工作票签发人和工作许可人同意，并在工作票上增填工作项目。若需变更或增设安全措施，应填用新的工作票，并重新履行签发许可手续。

1.6 工作负责人无故长时间离开工作现场未进行工作负责人交接

【风险分析】造成人身伤亡、设备损坏或断路器误动事故。

【相关规定】Q/GDW 1799.1—2013《国家电网公司电力安全工作规程 变电部分》6.5.3 条：工作负责人、专责监护人应始终在工作现场。

【防范措施】工作期间，工作负责人不得无故离开工作现场。因故暂时离开工作现场，应指定能胜任的人员临时代替，离开前应将工作现场交代清楚，并告知工作班成员。原工作负责人返回工作现场时，也应履行相应的交接手续。若工作负责人必须长时间离开工作现场时，应由原工作票签发人变更工作负责人，履行变更手续，并告知全体人员及工作许可人。原、现工作负责人应做好必要的交接。

1.7 专责监护人从事检修工作

【风险分析】误入带电间隔或误碰运行设备，造成人身伤亡或断路器误动事故。

【相关规定】Q/GDW 1799.1—2013《国家电网公司电力安全工作规程 变电部分》6.5.3 条：专责监护人不得兼做其他工作。

【防范措施】工作前，专责监护人对被监护人员交代监护范围内的安全措施、告知危险点和安全注意事项。工作中，专责监护人应认真履行监护职责，监督被监护人员遵守现场安全措施，及时纠正被监护人员的不安全行为，并不得从事与监护无关的工作。

1.8 工作负责人在开工前未对工作班成员进行安全交底

【风险分析】造成人身伤害或设备损坏事故。

【相关规定】Q/GDW 1799.1—2013《国家电网公司电力安全工作规程　变电部分》6.3.11.2 条：工作负责人（监护人）：工作前对工作班成员进行危险点告知，交代安全措施和技术措施，并确认每一个工作班成员都已知晓。

【防范措施】在工作开始前，工作负责人应召开班前会，对工作班成员进行工作任务、危险点、安全措施、技术要求告知，并随机抽问工作班成员，保证所有工作班成员做到四清楚后，在工作票上签字确认方可开工。

1.9 工作未全部结束，工作负责人就办理工作终结手续

办理工作结束手续时，现场工作人员已经全部撤离。

【风险分析】运维人员向调度汇报申请送电，造成检修设备带电，工作班成员继续工作就会导致触电伤亡。

【相关规定】Q/GDW 1799.1—2013《国家电网公司电力安全工作规程　变电部分》6.6.5 条：全部工作完毕后，工作班应清扫、整理现场。工作负责人应先周密地检查，待全体工作人员撤离工作地点后，再向运行人员交代所修项目、发现的问题、试验结果和存在问题等，并与运行人员共同检查设备状况、状态，有无遗留物件，是否清洁等，然后在工作票上填明工作结束时间。经双方签名后，表示工作终结。

【防范措施】工作负责人确认工作全部结束，会同运维人员验收合格，工作班成员全部撤离工作现场后，工作负责人方可办理工作终结手续。

1.10 进入作业现场未穿工作服

【风险分析】化纤类服装易燃，与电弧或火源接触造成工作人员烧伤。

【相关规定】Q/GDW 1799.1—2013《国家电网公司电力安全工作规程　变电部分》4.3.4 条：现场作业人员应穿全棉长袖工作服、绝缘鞋。

【防范措施】进入工作现场，工作负责人应检查作业人员着装，保证所有现场作业人员正确佩戴安全帽，穿全棉长袖工作服、绝缘鞋。

1.11 进入作业现场未戴安全帽

【风险分析】撞击硬物受伤或被高空坠物砸伤。

【相关规定】Q/GDW 1799.1—2013《国家电网公司电力安全工作规程　变电部分》4.3.4 条：进入作业现场应正确佩戴安全帽。

【防范措施】进入工作现场，工作负责人应检查作业人员着装，保证所有现场作业人员正确佩戴安全帽，穿全棉长袖工作服、绝缘鞋。

1.12 梯子与地面的倾斜角明显小于60°

【风险分析】随梯滑倒造成工作人员人身伤害。

【相关规定】Q/GDW 1799.1—2013《国家电网公司电力安全工作规程 变电部分》18.2.2 条：使用单梯工作时，梯与地面的倾斜角约为 60°。

【防范措施】硬质梯子的横档应嵌在支柱上，梯阶的距离不应大于 40cm，并在距梯顶 1m 处设限高标示。使用单梯工作时，梯与地面的倾斜角约为 60°。

1.13 使用的梯子无防滑垫

【风险分析】随梯滑倒造成工作人员人身伤害。

【相关规定】Q/GDW 1799.1—2013《国家电网公司电力安全工作规程 变电部分》18.2.1 条：梯子应坚固完整，有防滑措施。

【防范措施】梯子使用前应检查合格证是否齐全，是否在有效使用期内。登上梯子前，应检查梯子防滑垫是否完整，并检查是否能够承受工作人员及所携带工器具总质量。

1.14　单人在变电站内搬动梯子

【风险分析】触及带电设备，造成触电人身伤害。

【相关规定】Q/GDW 1799.1—2013《国家电网公司电力安全工作规程　变电部分》16.1.9 条：在户外变电站和高压室内搬动梯子、管子等长物，应两人放倒搬运，并与带电部分保持足够的安全距离。

【防范措施】在变电站内搬动长物，应加强监护，放倒由两人搬运，并与带电部分保持足够的安全距离。

1.15 高空作业上下抛掷工具、材料

【风险分析】工具或材料高空坠落打伤下方工作人员或造成设备、工具、材料等损坏。

【相关规定】Q/GDW 1799.1—2013《国家电网公司电力安全工作规程　变电部分》18.1.13 条：禁止将工具及材料上下投掷，应用绳索拴牢传递，以免打伤下方工作人员或击毁脚手架。

【防范措施】使用绳索拴牢传递，传递时应加强监护，并与四周带电设备保持足够的带电距离。传递时无关人员严禁在工具、材料下方逗留。

1.16 使用超期未校验的安全带

【风险分析】高处作业人员高处坠落造成人身伤亡。

【相关规定】Q/GDW 1799.1—2013《国家电网公司电力安全工作规程　变电部分》18.1.6 条：安全带应按附录 L 定期检验，不合格的不准使用（附录 L 中规定安全带检验周期为 1 年）。

【防范措施】安全工器具应由专人保管，并按照登高工器具试验标准表定期进行校验。安全工器具使用前应检查外观是否完好、是否在校验周期内。

登高工器具试验标准表

<table>
<tr><th>名称</th><th>项目</th><th>周期</th><th colspan="3">要求</th><th>说明</th></tr>
<tr><td rowspan="5">安全带</td><td rowspan="5">静负荷试验</td><td rowspan="5">1年</td><td>种类</td><td>试验静拉力（N）</td><td>载荷时间（min）</td><td rowspan="5">牛皮带试验周期为半年</td></tr>
<tr><td>围杆带</td><td>2205</td><td>5</td></tr>
<tr><td>围杆绳</td><td>2205</td><td>5</td></tr>
<tr><td>护腰带</td><td>1470</td><td>5</td></tr>
<tr><td>安全绳</td><td>2205</td><td>5</td></tr>
</table>

1.17 高处作业不使用安全带

【风险分析】高空作业人员失去保护从高空坠落造成人身伤亡。

【相关规定】Q/GDW 1799.1—2013《国家电网公司电力安全工作规程　变电部分》18.1.5 条：在没有脚手架或者在没有栏杆的脚手架上工作，高度超过 1.5m 时，应使用安全带，或采取其他可靠的安全措施。

【防范措施】高处作业安全带使用前应检查是否合格，使用时挂钩应系在结实牢固的部件上，或专为挂安全带用的钢丝绳上，严禁低挂高用。

1.18 高处作业安全带挂在设备支持绝缘子上

【风险分析】支持绝缘子因承重不够而断裂，安全带滑落造成作业人员高处坠落。

【相关规定】Q/GDW 1799.1—2013《国家电网公司电力安全工作规程 变电部分》18.1.8 条：禁止挂在移动或不牢固的物件上［如隔离开关（刀闸）支持绝缘子、CVT 绝缘子、母线支柱绝缘子、避雷器支柱绝缘子等］。

【防范措施】高处作业安全带使用前应检查是否合格，使用时挂钩应系在结实牢固的部件上，或专为挂安全带用的钢丝绳上，严禁低挂高用。

1.19 安全带低挂高用

【风险分析】高空坠落时由于重力冲击碰撞低处尖锐物体造成人身伤害。

【相关规定】Q/GDW 1799.1—2013《国家电网公司电力安全工作规程 变电部分》18.1.8 条：安全带的挂钩或绳子应挂在结实牢固的构件上，或专为挂安全带用的钢丝绳上，并应采用高挂低用的方式。

【防范措施】高处作业安全带严禁低挂高用，挂钩所挂位置应高于人体重心。

1.20 作业人员擅自跨越安全围栏

【风险分析】导致工作人员误入带电间隔，造成触电人身伤害或设备误动事故。

【相关规定】Q/GDW 1799.1—2013《国家电网公司电力安全工作规程 变电部分》7.5.5 条：禁止越过围栏。

【防范措施】作业人员严禁擅自穿、跨越安全围栏或超越安全警戒线。禁止作业人员擅自移动或拆除围栏、标示牌。

1.21 作业人员擅自移动围栏

【风险分析】 工作人员误入带电间隔，造成触电人身伤害或设备误动事故。

【相关规定】 Q/GDW 1799.1—2013《国家电网公司电力安全工作规程 变电部分》7.5.8 条：禁止工作人员擅自移动或拆除遮栏（围栏）、标示牌。

【防范措施】 禁止工作人员擅自移动或拆除遮栏（围栏）、标示牌。因工作原因必须短时移动或拆除遮栏（围栏）、标示牌，应征得工作许可人同意，并在工作负责人的监护下进行。完毕后应立即恢复。

1.22 在高压设备上单人工作

【风险分析】误入带电间隔造成触电事故的风险。

【相关规定】Q/GDW 1799.1—2013《国家电网公司电力安全工作规程　变电部分》5.4.2 条：在高压设备上工作，应至少由两人进行。

【防范措施】在高压设备上工作，应完成保证安全的组织、技术措施，至少有两人工作，并有人监护。

1.23 单人进入高压开关室对开关柜进行检查

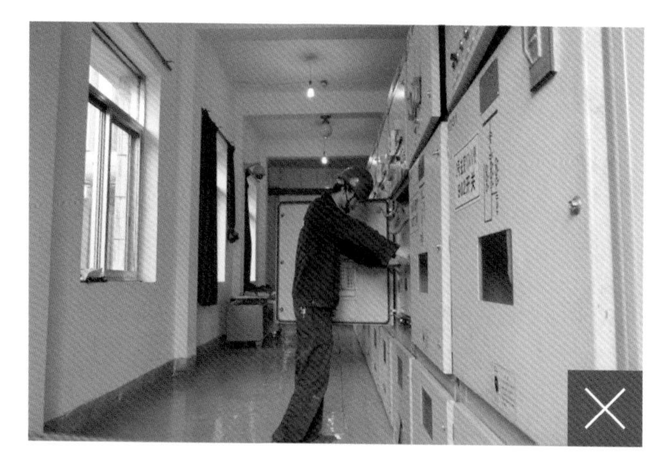

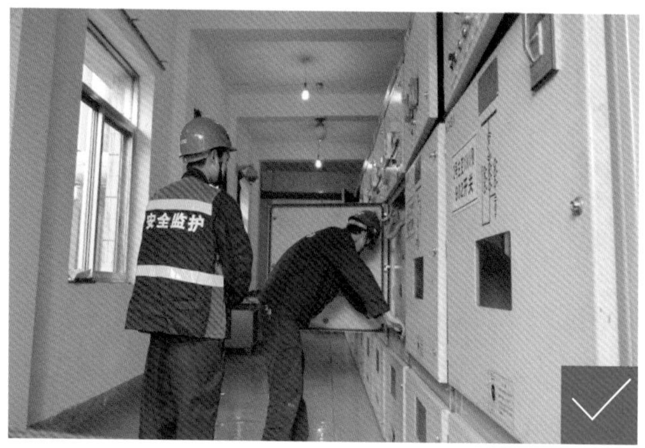

【风险分析】误入带电间隔、误碰带电设备造成触电伤亡。

【相关规定】Q/GDW 1799.1—2013《国家电网公司电力安全工作规程 变电部分》6.5.3 条：所有工作人员（包括工作负责人）不许单独进入、滞留在高压室、阀厅内和室外高压设备区内。

【防范措施】若无工作负责人或专责监护人带领，作业人员不得进入工作现场。检修前，工作负责人必须对工作班成员进行安全交底，并认真核对开关柜双重名称和安全措施；检修工作中，工作负责人或专责监护人应始终在工作现场。

1.24 从运行设备上直接取用电源

【风险分析】造成运行设备不能可靠运行。

【相关规定】Q/GDW 1799.1—2013《国家电网公司电力安全工作规程　变电部分》13.18 条：被检修设备及试验仪器禁止从运行设备上直接取试验电源。

【防范措施】在工作中应从指定的检修电源箱取用电源，且严禁从电源箱一级空气开关下方取电。试验用隔离开关应有熔丝并带罩，熔丝配合要适当，要防止越级熔断总电源熔丝。接线要经第二人复查后，方可通电。

1.25 吊车作业过程中无专人指挥

【风险分析】误碰带电设备、变电站内设施或发生吊物坠落，造成人身伤亡及设备、吊物损坏。

【相关规定】Q/GDW 1799.1—2013《国家电网公司电力安全工作规程　变电部分》17.1.4 条：起重搬运时只能由一人统一指挥，必要时可设置中间指挥人员传递信号。

【防范措施】吊车进入工作现场应有专人指挥，且指挥人员应选择能同时观察到起重机驾驶人员和吊物的位置，当指挥人员不能同时看见起重机驾驶人员与吊物（部件）时，其位置应站到能看见其指挥的驾驶人员一侧，并根据需要临时增设辅助指挥人员。进行物件吊运时，物件上不准站人。

1.26 吊车未装设接地线

【风险分析】无接地保护导致人身触电伤亡事故。

【相关规定】Q/GDW 1799.1—2013《国家电网公司电力安全工作规程　变电部分》14.2.1.8 条：在变电站内使用起重机械时，应安装接地装置。

【防范措施】吊车装设接地线应用多股软铜线，其截面应满足接地短路容量的要求，但不得小于 16mm^2。接地点应选取变电站专用接地桩，接地应牢固可靠，接线完毕后应安排专人检查。

1.27 吊车支架直接置于鹅卵石地面上

【风险分析】吊车倾倒误碰高压带电设备、误伤工作人员或吊物坠落，导致人身伤亡或设备损坏。

【相关规定】Q/GDW 1799.1—2013《国家电网公司电力安全工作规程　变电部分》17.2.3.3 条：作业时，起重机应置于平坦、坚实的地面上。

【防范措施】吊车支架应选定在平地或用钢板铺垫的位置，若选定在其他物体，应选择平整且明确表明为可承重物体上，选定承重物件后应安排专人检查。作业时，车身倾斜度不准超过制造厂的规定。不准在暗沟、地下管线等上面作业；不能避免时，应采取防范措施，不准超过暗沟、地下管线允许的承载力。

1.28 起吊过程中工作人员在吊物下停留

【风险分析】吊物坠落或吊臂转动时误碰工作人员造成人身伤亡。

【相关规定】Q/GDW 1799.1—2013《国家电网公司电力安全工作规程 变电部分》17.2.1.5 条：禁止与工作无关人员在起重工作区域内行走或停留。

【防范措施】起吊工作中应设专人监护，禁止工作人员在起重区域内行走或停留。不准让起吊重物长时间悬在空中。有重物悬在空中时，禁止驾驶人员离开驾驶室或做其他工作。

② 变电一次检修典型违章

2.1 在带电设备周围使用钢卷尺进行测量工作

【风险分析】触及带电设备造成触电人身伤亡，或短路、接地，损坏设备。

【相关规定】Q/GDW 1799.1—2013《国家电网公司电力安全工作规程　变电部分》16.1.8 条：在带电设备周围禁止使用钢卷尺、皮卷尺和线尺（夹有金属丝者）进行测量工作。

【防范措施】在带电设备周围应使用绝缘尺进行测量工作，若无绝缘尺应用绝缘胶带将测量工具包裹后方可进行测量工作，测量时应注意与带电设备保持足够的安全距离。

2.2 运输氧气瓶时，氧气瓶顺车厢放置

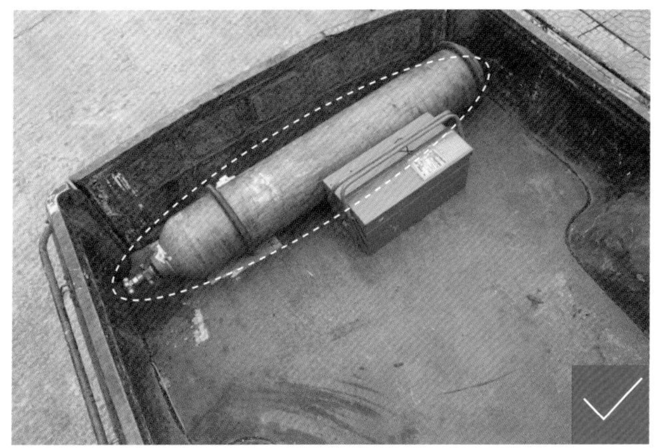

【风险分析】损坏氧气瓶气嘴，氧气泄漏造成人身伤亡或设备损坏。

【相关规定】Q/GDW 1799.1—2013《国家电网公司电力安全工作规程　变电部分》16.5.8 条：用汽车运输气瓶时，气瓶不准顺车厢纵向放置。

【防范措施】用汽车运输气瓶时，气瓶不准顺车厢纵向放置，应横向放置并可靠固定。气瓶押运人员应坐在司机驾驶室内，不准坐在车厢内。禁止把氧气瓶及乙炔气瓶放在一起运送，也不准与易燃物品或装有可燃气体的容器一起运送。

2.3 进行熔化切割工作时，未按规定配备消防器材

【风险分析】发生火灾时，无法第一时间阻止火势蔓延、进行灭火，造成人身伤亡和设备损坏。

【相关规定】Q/GDW 1799.1—2013《国家电网公司电力安全工作规程 变电部分》16.6.10.5 条：动火作业应配备足够适用的消防器材。

【防范措施】进行熔化焊接、切割、喷枪、喷灯工作前，应清除动火现场及周围的易燃物品，或采取其他有效的安全防火措施，配备足够适用的消防器材，消防器材应放置在作业现场，使用年限应在有效期内。

2.4 在易燃物品上方进行焊接，下方无监护人

【风险分析】火星引燃易燃物品，造成人身伤亡和设备损坏。

【相关规定】Q/GDW 1799.1—2013《国家电网公司电力安全工作规程 变电部分》16.6.10.5 条：动火作业应有专人监护。

【防范措施】在易燃、易爆物品及重要设备上方进行焊接，下方应设专人监护，并正确配备足够适用的消防器材，消防器材应放置在作业现场，使用年限应在有效期内。

2.5 在氧气瓶附近使用喷灯

【风险分析】氧气泄漏时，靠近明火会引起爆炸，造成人身伤亡和设备损坏。

【相关规定】Q/GDW 1799.1—2013《国家电网公司电力安全工作规程 变电部分》16.5.11 条：气瓶的放置地点不准靠近热源。

【防范措施】使用中的氧气瓶和乙炔瓶应垂直固定放置，氧气瓶和乙炔瓶的距离不得小于 5m，气瓶的放置地点不准靠近热源，应距明火 10m 以外，使用时应有人监护。

2.6 直接将氧气瓶从车上推下

【风险分析】易损坏气瓶造成气体泄漏，可能引起气瓶爆炸造成人身伤亡。

【相关规定】Q/GDW 1799.1—2013《国家电网公司电力安全工作规程 变电部分》11.17 条：SF_6气瓶搬运时，应轻装轻卸。

【防范措施】从车上卸下气瓶时，应由两人搬运，搬运时不得直接握住瓶阀。一人徒手搬动气瓶时，用一手托住瓶帽，使瓶身倾斜，另一手推动瓶身沿地面旋转、用瓶底边走边滚。

2.7 氧气瓶压力下降到0.2MPa以下，仍然继续使用

【风险分析】氧气瓶和乙炔瓶连接使用时，氧气瓶剩余气压过低，乙炔倒灌进氧气瓶引起爆炸造成人身伤亡。

【相关规定】Q/GDW 1799.1—2013《国家电网公司电力安全工作规程　变电部分》16.5.10 条：氧气瓶内的压力降到 0.2MPa，不准再使用。

【防范措施】气瓶使用时应确认气压大于 0.2MPa。对于闲置的未使用气瓶，应安排专人定期检查，防止气体泄漏导致气压过低，用过的气瓶上应写明“空瓶”。

2.8 检修人员直接攀爬支柱绝缘子进行工作

【风险分析】导致绝缘子断裂，造成工作人员高空坠落人身伤亡。

【相关规定】Q/GDW 1799.1—2013《国家电网公司电力安全工作规程　变电部分》18.1.8 条：禁止挂在移动或不牢固的物件上［如隔离开关（刀闸）、支持绝缘子、CVT 绝缘子、母线支持绝缘子、避雷器支柱绝缘子等］。

【防范措施】高空作业应使用安全带，并将安全带挂钩系在牢固可靠的物件上。若无法使用安全带，应使用斗臂车或检修作业平台等高空作业机具。

2.9 在隔离开关构架上进行相间转移未系安全带

【风险分析】移动过程中作业人员失去保护，造成作业人员坠落伤亡。

【相关规定】Q/GDW 1799.1—2013《国家电网公司电力安全工作规程　变电部分》18.1.9 条：高处作业人员在转移作业位置时不得失去安全保护。

【防范措施】在设备检修工作中，高处作业人员在作业过程中，应随时检查安全带是否拴牢。在相间转移工作时，检修人员不准解开安全带或回到地面重新登高，并正确使用安全带。

2.10 高处作业时，检修人员未使用工具袋

【风险分析】工器具存在坠落造成人身伤害和设备损坏的风险。

【相关规定】Q/GDW 1799.1—2013《国家电网公司电力安全工作规程 变电部分》15.1.11 条：高处作业应一律使用工具袋。

【防范措施】高处作业时，检修人员应使用工具袋，较大的工具应用绳拴在牢固的构件上，工件、边角余料应放置在牢靠的地方或用铁丝扣牢，并有防止坠落的措施，不准随便乱放，以防止从高空坠落发生事故。

2.11 高空作业时，无关人员在工作地点下方通行或逗留

【风险分析】当上方工器具或材料发生坠落时，造成人身伤害。

【相关规定】Q/GDW 1799.1—2013《国家电网公司电力安全工作规程 变电部分》18.1.12 条：在进行高处作业时，除有关人员外，不准他人在工作地点的下面通行或逗留。

【防范措施】高空作业时应设专人监护，无关人员严禁在工作地点下方通行或停留。工作地点下面应有围栏或装设其他保护装置，防止落物伤人。如在格栅式的平台上工作，为了防止工具和器材掉落，应采取有效隔离措施，如铺设木板或使用检修平台。

2.12 母线带电时进行小车式开关柜检修工作，未在静触头处设置遮栏

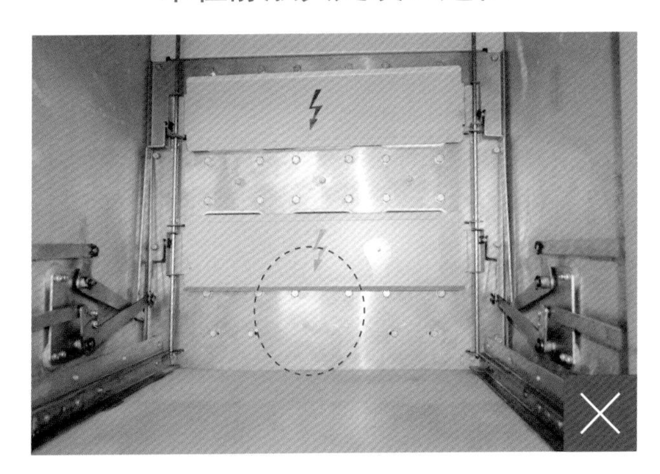

【风险分析】存在检修人员误碰带电静触头造成人身伤亡的风险。

【相关规定】Q/GDW 1799.1—2013《国家电网公司电力安全工作规程　变电部分》7.5.4 条：高压开关手车开关拉出后，隔离带电部位的挡板禁止开启，并设置“止步，高压危险！”的标示牌。

【防范措施】在母线未停电的情况下进行小车式开关柜检修工作时，应在静触头处放置“止步，高压危险”标示牌，并装设安全遮栏。开关柜检修时，应有专人监护。禁止将小车推入工作位置进行检修。

2.13 断路器检修未释放储能弹簧能量

【风险分析】检修时存在断路器误分合或被储能弹簧夹伤造成工作人员机械伤害的风险。

【相关规定】《国家电网公司生产技能人员职业能力培训专用教材 变电检修》第二十九章风险分析：在做开关柜检修时，应释放弹簧的能量，防止机械伤人。

【防范措施】进行断路器检修时，应将断路器能量全部释放，确保断路器在分闸未储能状态。

2.14 拆除的引流线未采取固定措施

【风险分析】起风或误碰使引流线大幅度晃动，与临近带电间隔安全距离不够，造成人员触电伤亡或设备短路故障。

【相关规定】《国家电网公司生产技能人员职业能力培训专用教材　变电检修》第二十九章风险分析：检修工作中，为防止机械伤人及设备短路故障，应将拆除的引流线采取固定措施。

【防范措施】引流线拆除前，应检查用于固定的绝缘材料，确保所用材料能够承受引流线晃动产生的拉力。拆除过程中，应有人监护。引流线拆除后，应使用绝缘材料固定，并与相邻带电设备保持足够的安全距离。

2.15 擅自对设备防误闭锁装置解锁

【**风险分析**】存在设备误操作造成人身伤亡、设备短路故障及设备损坏的风险。

【**相关规定**】Q/GDW 1799.1—2013《国家电网公司电力安全工作规程　变电部分》5.3.6.5 条：不准随意解除闭锁装置。所有操作人员和检修人员禁止擅自使用解锁工具（钥匙）。

【**防范措施**】所有操作人员和检修人员禁止擅自使用解锁工具（钥匙）。若遇特殊情况需解锁操作，应经运行管理部门防误操作装置专责人或运维管理部门指定并经书面公布的人员到现场核实无误并签字后，由运维人员告知当值调度员，经同意后方能使用解锁工具。

2.16 涂刷油漆后立即进行焊接工作

【风险分析】油漆未充分干燥时焊接存在油漆燃烧起火、产生有毒气体或焊接不牢的风险。

【相关规定】Q/GDW 1799.1—2013《国家电网公司电力安全工作规程 变电部分》16.5.2 条：禁止在油漆未干的结构或其他物体上进行焊接。

【防范措施】涂刷油漆后，应等待油漆充分干燥后，进行焊接工作。在油漆附近焊接时应使用遮挡物，防止火花溅射的高温导致油漆燃烧或分解。

2.17 使用凿子凿坚硬物体时，未佩戴防护眼镜

【风险分析】凿击产生的碎屑四溅，存在击伤人眼造成人身伤害的风险。

【相关规定】Q/GDW 1799.1—2013《国家电网公司电力安全工作规程 变电部分》16.4.1.3 条：使用凿子凿坚硬物体时，应佩戴防护眼镜。

【防范措施】使用凿子凿坚硬物体时，应佩戴防护眼镜，必要时装设安全遮栏，以防止碎片打伤旁人。凿子被锤击部分有伤痕、不平整、沾有油污等，不准使用。

2.18 使用钻床时佩戴手套

【风险分析】作业时钻头旋转缠绕手套，对人手造成伤害。

【相关规定】Q/GDW 1799.1—2013《国家电网公司电力安全工作规程 变电部分》16.4.1.5 条：使用钻床时不准佩戴手套。

【防范措施】使用钻床时不准佩戴手套。使用钻床时，应将工件设置牢固后，方可开始工作。清除钻孔内金属碎屑时，应先停止钻头的转动。禁止用手直接清除铁屑，可用刷子或其他工具辅助清扫。

2.19 使用中的角向砂轮机转动部分没有防护罩

【风险分析】作业人员存在触及转动部分或砂轮片脱落飞出，造成人身伤害的风险。

【相关规定】Q/GDW 1799.1—2013《国家电网公司电力安全工作规程 变电部分》16.2.1 条：机器的转动部分应装有防护罩或其他防护设备，露出的轴端应设有护盖。

【防范措施】机器的转动部分应严格加装防护罩，且使用前应检查防护罩是否牢固可靠。使用时，严禁将防护罩未覆盖部分朝向工作人员或设备。禁止在机器转动时，从联轴器和齿轮上取下防护罩或其他防护设备。

2.20 切割机未接入剩余电流动作保护装置

【风险分析】当发生人身触电危险时，无法迅速切断事故电源，造成人身伤亡或电气工具烧损。

【相关规定】Q/GDW 1799.1—2013《国家电网公司电力安全工作规程　变电部分》16.4.2.1 条：电气工具和用具应由专人保管，使用时应按规定接好剩余电流动作保护器（漏电保护器）和接地线。

【防范措施】电气工具和用具应有专人保管，每 6 个月应由电气试验单位进行定期检查；试用前应检查电线是否完好，有无接地线；不合格的禁止使用；使用时应按有关规定接好剩余电流动作保护器（漏电保护器）和接地线；使用中发生故障，应立即修复。

2.21 电容器检修前，未对其进行充分放电

【风险分析】剩余电荷会造成作业人员人身触电伤亡。

【相关规定】Q/GDW 1799.1—2013《国家电网公司电力安全工作规程 变电部分》14.1.8 条：未装接地线的大电容被试设备，应先进行放电再进做试验。

【防范措施】电容器检修前，应对其充分放电，且应可靠接地。经工作负责人确认之后方可进行工作。

2.22 补油时，从变压器本体底部注油

【风险分析】从底部注油，本体内产生大量气泡，残留在变压器绕组四周，投运后造成变压器匝间短路故障；造成本体气体继电器长期集气，存在瓦斯保护误动的风险。

【相关规定】DL/T 573—2010《电力变压器检修导则》11.8.3 条：变压器经真空注油后补油时，需经储油柜注油管注入，严禁从下部油门注入。

【防范措施】对变压器本体注油前，应以均匀的速度抽真空，达到指定真空度并保持 2h 后，开始向变压器油箱内注油（一般抽空时间 =1/3 ~ 1/2 暴露空气时间），注油温度宜略高于器身温度。以 3 ~ 5t/h 的速度将油注入变压器距箱顶约 200mm 时停止，并继续抽真空保持 4h 以上。注油时应使油流缓慢注入变压器至规定的油面为止，再静止 12h。

2.23 电流互感器一次接线板检修后未紧固

【风险分析】接线板接触不良，电阻增大，造成接线板过热缺陷。

【相关规定】《防止电力生产事故的二十五项重点要求》12.8.1.15 条：互感器的一次端子引线连接端要保证接触良好。

【防范措施】互感器检修后，应对接线板进行打磨清洗，保证接触面平整清洁。恢复时，在接触面涂抹适量导电膏，导电膏禁止过厚，应使用合适的力矩扳手进行紧固，以防止产生过热性故障。接线端子之间必须有足够的安全距离，防止引线线夹造成一次绕组短路。

2.24 隔离开关接地开关机械闭锁不可靠

【风险分析】存在误操作导致人身伤亡或设备短路故障的风险。

【相关规定】《防止电力生产事故的二十五项重点要求》13.2.2 条：隔离开关与其所配装的接地开关间应配有可靠的机械闭锁，机械闭锁应有足够的强度。

【防范措施】对隔离开关进行调试时，应确认主刀在合闸位置接地开关无法分合、接地开关在合闸位置主刀无法分合。检查接地开关闭锁挡板固定牢固，两者之间应有一定距离，保证不影响主刀（接地开关）正常分合。

2.25 经常处于热备用运行的线路未加装避雷器

【风险分析】雷雨季节，存在雷电波侵入损坏设备的风险。

【相关规定】《国家电网公司十八项电网重大反事故措施（修订版）及编制说明》14.2.2.4 条“经常处于热备用运行的线路”应加装避雷器。

【防范措施】对于附近穿越雷电活动频繁的变电站、发生过雷电波入侵造成设备损坏的变电站、经常处于热备用运行的线路均应在出线侧加装避雷器。

2.26 带电显示闭锁装置与柜门间强制闭锁装置失灵

【风险分析】存在工作人员开启带电开关柜柜门误碰运行设备，造成断路器误动或触电人身伤亡的风险。

【相关规定】《防止电力生产事故的二十五项重点要求》13.3.13 条：加强带电显示闭锁装置的运行维护，保证其与柜门间强制闭锁的运行可靠性。

【防范措施】加强带电显示闭锁装置的运行维护，保证其与柜门间强制闭锁的运行可靠性。防误操作闭锁装置或带电显示装置失灵应作为严重缺陷尽快予以消除。工作中严禁擅自使用工具解开带电显示闭锁装置。

2.27 接地装置接地体搭接不规范

【风险分析】搭接不规范，接地不可靠，发生接地故障时无法加速接地电流的扩散，减少地电位的升高，存在相关一次设备烧坏、二次设备被串入高压、危及人身安全的风险。

【相关规定】《防止电力生产事故的二十五项重点要求》14.1.7条：接地装置的焊接质量必须符合有关规定要求。

【防范措施】在所有设备上可能装设接地线的地点，都应设置装设接地线的专用接地装置，接地装置与接地线连接部位不应涂刷油漆。接地装置应与接地网可靠相连，接地电阻必须合格，按照规定，接地体（线）的焊接应采用搭接焊，其搭接长度必须符合下列规定：扁钢为其宽度的2倍（且至少3个棱边焊接）；圆钢为其直径的6倍。

3 二次系统检修典型违章

3.1 检修工作中，检修设备与运行设备无明显分隔标志

【风险分析】检修人员可能误碰运行设备，造成运行设备误动。

【相关规定】Q/GDW 1799.1—2013《国家电网公司电力安全工作规程 变电部分》13.8 条：全部或部分带电的运行屏（柜）上进行工作时，应将检修设备与运行设备前后以明显的标识隔开。

【防范措施】按照工作票上安全措施的要求，在相邻的运行保护测控屏、保护测控装置、端子排、空气断路器、压板、操作把手、“五防”锁前后悬挂“运行设备”红布帘。工作许可前，工作负责人会同工作许可人到现场再次检查所做的安全措施，对具体的设备指明实际的隔离措施，证明确为检修设备。

3.2 变压器气体继电器无防雨罩

【风险分析】气体继电器进水后绝缘水平下降，导致保护误动或误发信号。

【相关规定】《国家电网公司十八项电网重大反事故措施（修订版）及编制说明》9.3.1.2 条：变压器本体保护应加强防雨、防振措施，户外布置的压力释放阀、气体继电器和油流速动继电器应加装防雨罩。

【防范措施】安装的防雨罩应与户外主变压器的本体、有载调压气体继电器、SF_6 密度继电器等匹配且防水性能良好，并可靠固定。

3.3 短路电流互感器备用二次绕组用导线缠绕

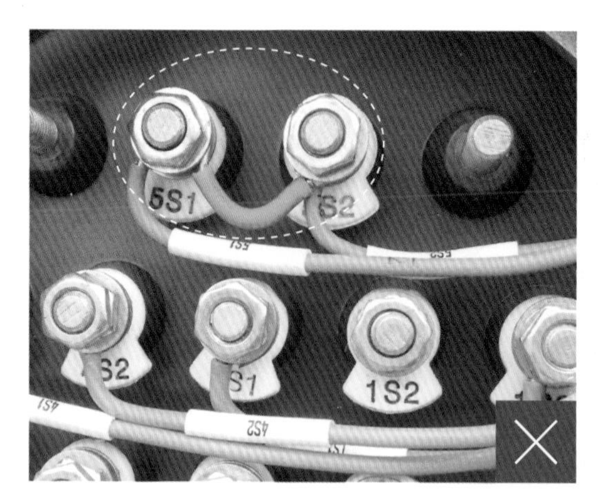

【风险分析】短接不可靠，二次电流回路开路造成人身伤害、设备损坏和保护误动。

【相关规定】Q/GDW 1799.1—2013《国家电网公司电力安全工作规程 变电部分》13.13 条：短路电流互感器二次绕组，应使用短路片或短路线，禁止用导线缠绕。

【防范措施】应使用可靠的短路片或短接线进行短接。在电流互感器与短路端子之间导线上进行任何工作，应有严格的安全措施，并填用二次安全措施票。必要时申请停用有关保护装置、安全自动装置或自动化监控系统。

3.4 运行中的电流互感器二次绕组未接地

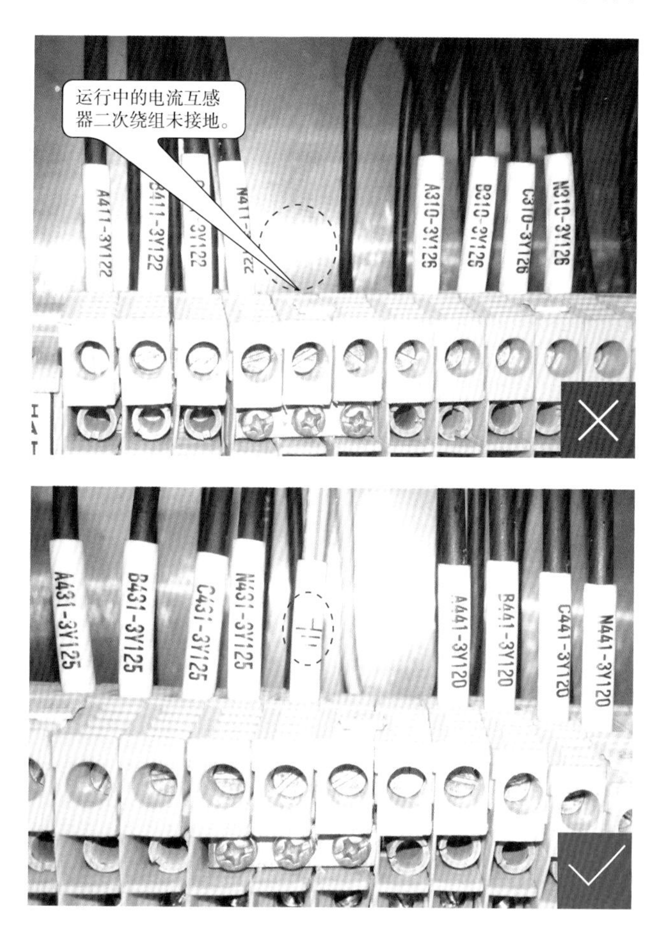

【风险分析】二次绕组悬浮放电，造成人身伤害和设备损坏。

【相关规定】Q/GDW 1799.1—2013《国家电网公司电力安全工作规程 变电部分》13.12 条：所有电流互感器和电压互感器的二次绕组应有一点且仅有一点永久性的、可靠的保护接地。

【防范措施】电流互感器的二次绕组应在端子箱使用 4mm^2 的黄绿色多股软铜线一点接地，并有明显的接地标识。接地完成后应用绝缘试验检验其接地点是否可靠。严禁多点接地。

3.5 端子箱内安装的加热器与二次线距离过近

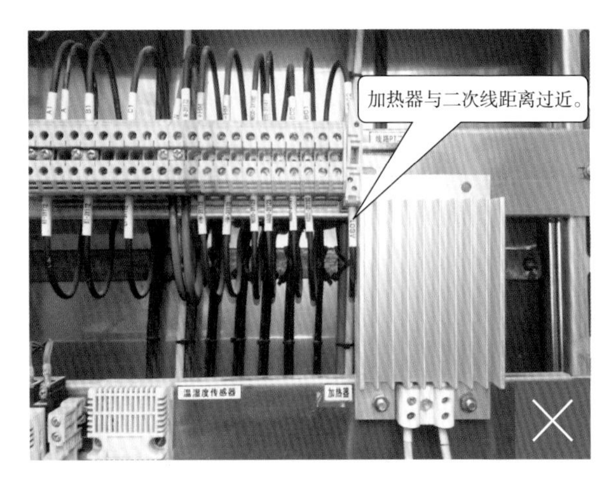

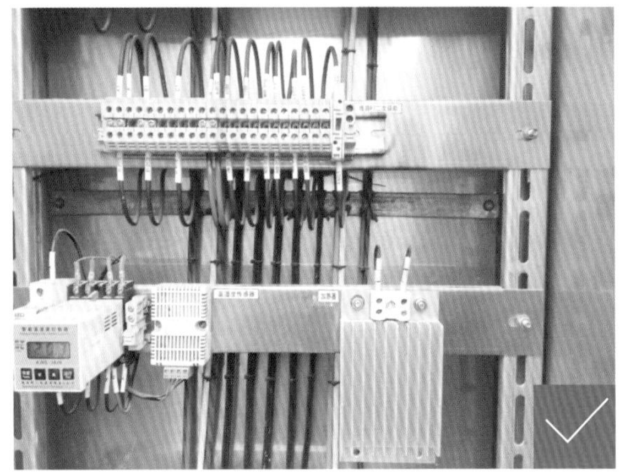

【风险分析】靠近加热器的二次线过热导致绝缘损坏，造成断路器误动拒动；引起端子箱内火灾，造成电流回路开路损坏设备、保护装置误动拒动。

【相关规定】GB 50171—2012《电气装置安装工程　盘、柜及二次回路接线施工及验收规范》3.0.1 条：发热元件宜安装在散热良好的地方；两个发热元件之间的连线应采用耐热导线或裸铜线陶瓷管。

【防范措施】开关设备机构箱、汇控箱、端子箱内应有完善的驱潮防潮装置，防止凝露造成二次设备损坏。加热器安装位置应与二次线保持足够的距离，加热器功率宜适当并由温湿度控制器自动控制其投退。

3.6 二次电缆屏蔽层未接地

【风险分析】电磁干扰导致保护误动、误发信或装置损坏。

【相关规定】《国家电网公司十八项电网重大反事故措施（修订版）及编制说明》15.7.3.7 条：保护装置之间、保护装置至开关场就地端子箱之间联系电缆以及高频收发信机的电缆屏蔽层应双端接地。

【防范措施】二次电缆在电缆头制作时，电缆两端的屏蔽层应使用截面积不小于 4mm^2 黄绿色的多股软铜线可靠连接到等电位接地网的铜排上。

3.7 保护屏二次电缆固定不牢固

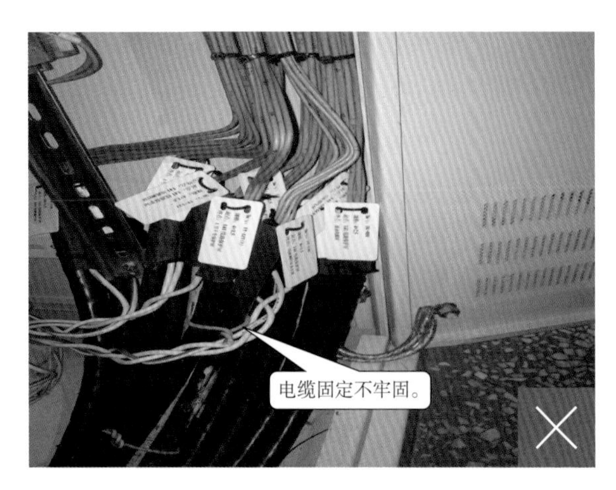

【风险分析】二次电缆固定不牢固，由于机械应力造成二次电缆坠落使接入端子排的二次线脱落引起运行设备误动拒动，二次电流回路开路造成保护装置误动拒动、设备损坏。

【相关规定】《电力系统继电保护及安全装置反事故措施要点》6.3条：屏上的电缆必须固定良好，防止脱落、拉坏接线端子排造成事故。

【防范措施】引入盘、柜的电缆应排列整齐，编号清晰，避免交叉，并应固定牢固，不得使所接的端子排收到机械应力，盘、柜内的电缆芯线应按垂直或水平有规律地配置，不得任意歪斜交叉连接。备用芯长度应留有适当余地。

3.8 将一根2.5mm²铜芯线与一根1.5mm²铜芯线同时接入端子同一侧

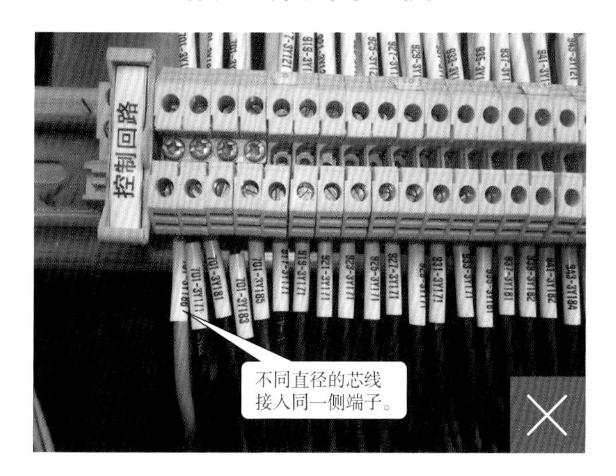

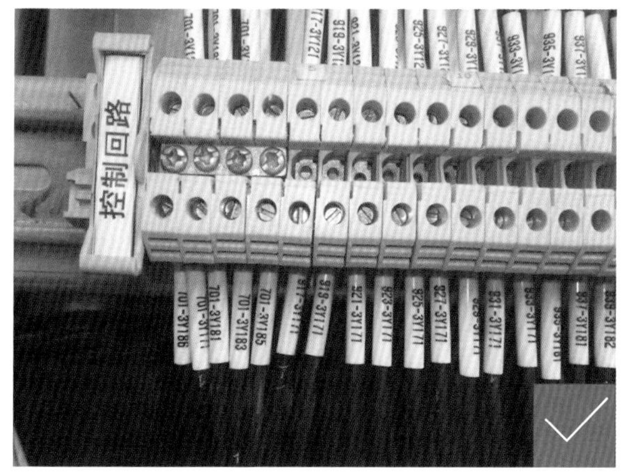

【风险分析】电缆芯线接触不良严重时造成断路器误动或拒动，可能导致二次电流回路开路造成保护装置误动拒动、设备损坏。

【相关规定】GB 50171—2012《电气装置安装工程　盘、柜及二次回路接线施工及验收规范》4.0.1 条：不同截面积的两根导线不得接在同一端子上。

【防范措施】将一根 2.5mm² 铜芯线与一根 1.5mm² 铜芯线同时接入端子同一侧时，应使用至少两个端子，其间使用端子短接片进行短接；将三根电缆芯同时接入端子同一侧时，三根电缆芯线应使用至少两个端子，其间使用端子短接片进行短接；将一根多股铜芯线与一根单股铜芯线同时接入端子同一侧时，应使用至少两个端子，其间使用端子短接片进行短接。

3.9 交流和直流回路、强电和弱电回路，使用同一根电缆

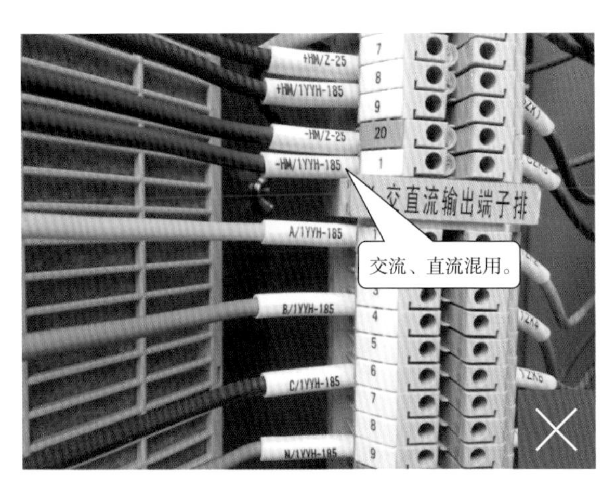

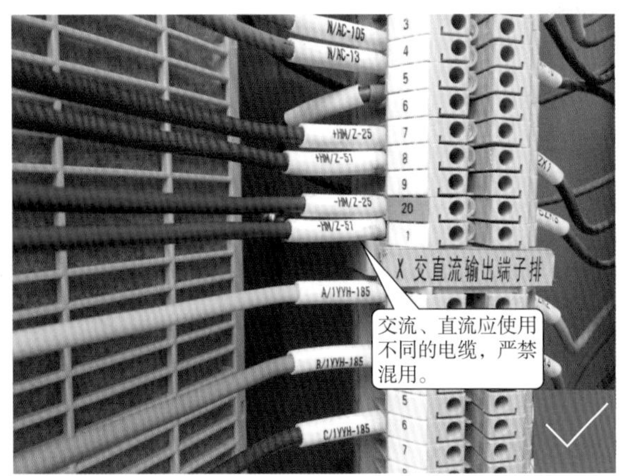

【风险分析】强弱电混用可能导致相互干扰造成误发信及保护装置误动，交直流混用可能造成直流回路接地。

【相关规定】《国家电网公司十八项电网重大反事故措施（修订版）及编制说明》15.7.4.2 条：交流电流和交流电压回路、不同交流电压回路、交流和直流回路、强电和弱电回路，以及来自断路器场电压互感器二次的四根引入线和电压互感器开口三角绕组的两根引入线均应使用各自独立的电缆。

【防范措施】交流电流和交流电压回路、不同交流电压回路、交流和直流回路、强电和弱电回路，应使用各自独立的电缆，敷设电缆时应按照电缆的用途对其进行区分。

3.10 保护屏内交流供电电源的零线接入等电位接地网

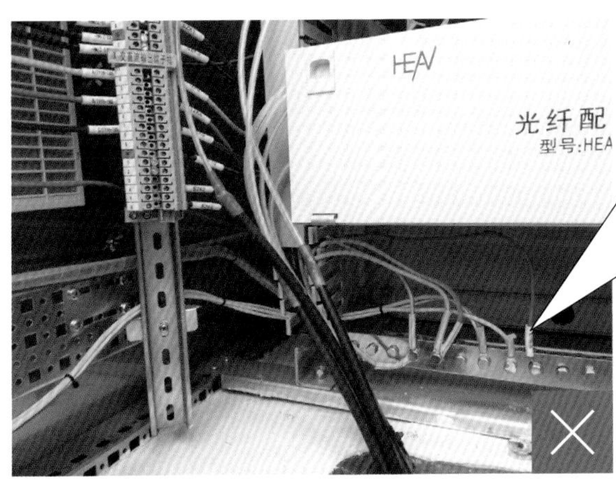

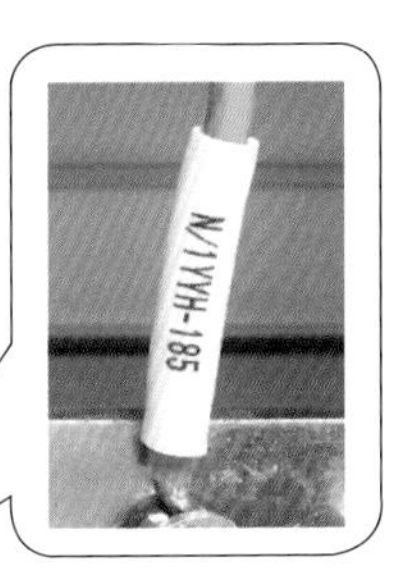

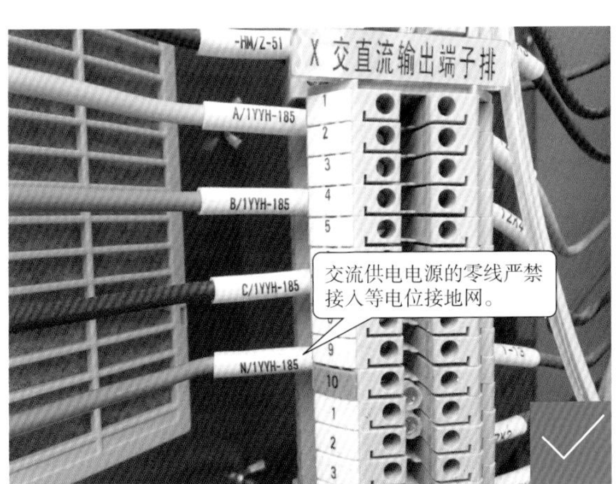

【风险分析】导致人身触电或设备损坏。

【相关规定】《国家电网公司十八项电网重大反事故措施（修订版）及编制说明》15.7.5.3 条：微机型继电保护装置柜屏内的交流供电电源（照明、打印机和调制解调器）的中性线（零线）不应接入等电位接地网。

【防范措施】保护屏内 PE 和等电位接地铜排应有明显的标识加以区分，接线时认真观察避免接错，接线完成后由工作负责人检查核对。

3.11 端子排的跳合闸回路与直流正电源距离过近

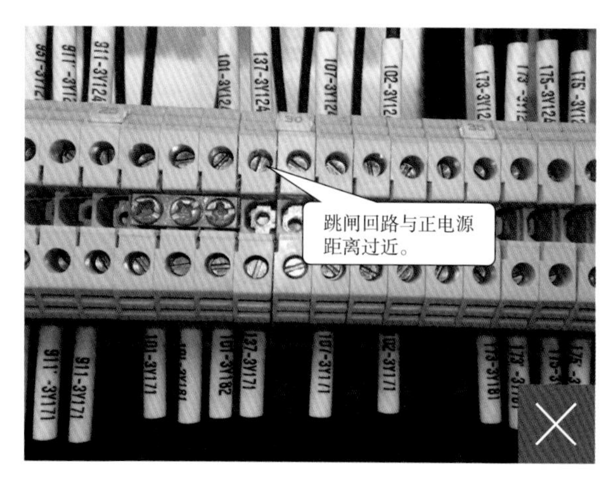

【风险分析】 易造成直流正电源端子与跳合闸回路端子绝缘击穿、断路器误动的风险。

【相关规定】《防止电力生产事故的二十五项重点要求》13.18 条：跳（合）闸引出线与正电源之间应至少采用一个空端子隔开。

【防范措施】 继电保护及相关设备的端子排，宜按照功能进行分区、分段布置，正、负电源之间，跳（合）闸引出线之间以及跳（合）闸引出线与正电源之间，交流电源与直流回路之间等应至少采用一个空端子隔开。

3.12 二次接线的号箍打印不规范，未使用双重编号

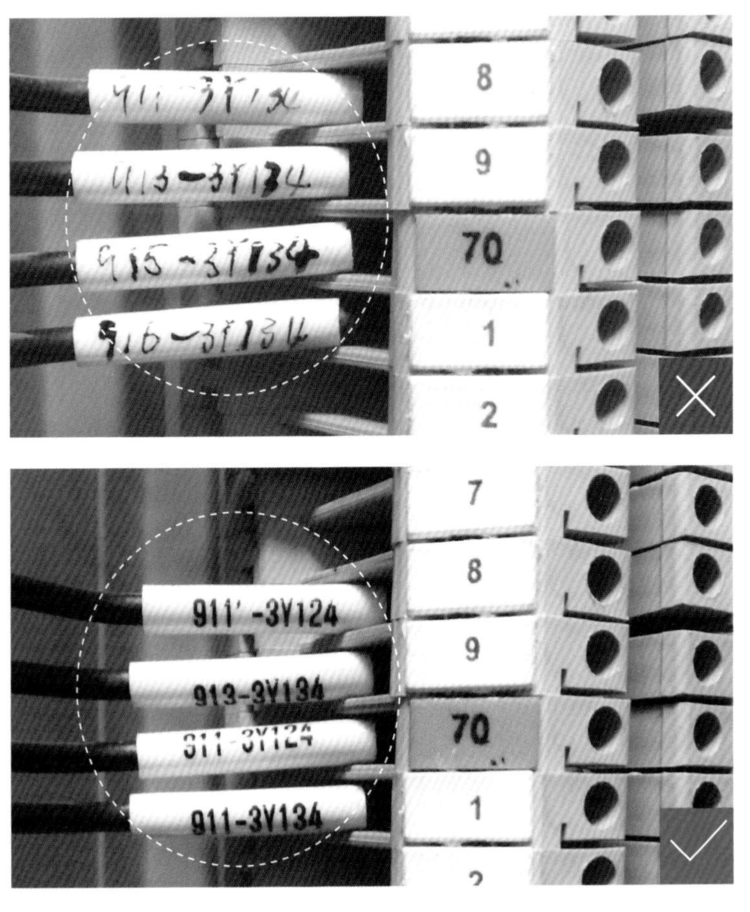

【风险分析】造成作业人员误动、误碰或误接线。

【相关规定】GB 50171—2012《电气装置安装工程　盘、柜及二次回路接线施工及验收规范》4.0.1 条：电缆芯线和所配导线的端部均应标明其回路编号，编号应正确，字迹清晰且不易脱色。

【防范措施】二次接线的号箍应采取打印的方式、正确使用双重编号、字迹清晰。

3.13　工作中拆除盖板未设临时围栏

【风险分析】易造成人身坠落或小动物进入损害电缆。

【相关规定】Q/GDW 1799.1—2013《国家电网公司电力安全工作规程　变电部分》16.1.2 条：在检修工作中，如需将盖板取下，应设临时围栏。

【防范措施】变电站（生产厂房）内外工作场所的井、坑、孔、洞或沟道，应覆以与地面齐平而坚固的盖板。工作票中应有将盖板取下，设临时围栏的安全措施。临时打的孔、洞，施工结束后，应恢复原状。

3.14 敷设电缆时作业人员站在电缆转弯处内侧

【风险分析】造成人员伤害。

【相关规定】DL 5009.3—2013《电力建设安全工作规程 第3部分：变电站》5.5.2.10条：敷设电缆时，拐弯处的施工人员应站在电缆外侧。

【防范措施】敷设电缆前应先将电缆沟通风，敷设电缆时，转弯处人站在电缆外侧或采用专用工具。

3.15　敷设电缆时在运行电缆上行走

【风险分析】造成人身伤害及电缆损坏。

【相关规定】DL 5009.3—2013《电力建设安全工作规程　第3部分：变电站》5.5.2.12条：不得在电缆上攀吊或行走。

【防范措施】开启电缆沟盖板前应确认电缆敷设位置，开启的电缆沟四周应设置标准围栏。确保不损坏运行电缆和其他地下管线，敷设电缆时在电缆沟道内行走应避免尖锐物体伤害，敷设过程中人体与电缆应与带电设备保持足够的安全距离。

3.16 未将退出运行的二次电缆确认清楚就将其开断

【风险分析】 造成断路器误动，保护装置误动、拒动及电流二次回路开路导致人身伤害和设备损害。

【相关规定】 Q/GDW 1799.1—2013《国家电网公司电力安全工作规程 变电部分》15.2.1.9 条：开断电缆以前，应与电缆走向图纸核对并确认相符。

【防范措施】 进行开断二次电缆的工作时，应携带图纸确认清楚需开断的电缆。

3.17 使用无绝缘套的镙钉旋具

【风险分析】人员在作业时易误碰设备带电部位，造成触电伤害及设备损坏、造成其他运行设备误动。

【相关规定】Q/GDW 1799.1—2013《国家电网公司电力安全工作规程　变电部分》13.13 条：工作时应有专人监护，使用绝缘工具。

【防范措施】作业人员在使用镙钉旋具前，认真检查镙钉旋具绝缘套是否完好，严禁使用绝缘套破损严重的镙钉旋具，严格防止短路或接地。应使用绝缘工具，戴手套。必要时，工作前申请停用有关保护装置、安全自动装置或自动化监控系统。

3.18 断路器传动试验现场无人监护

【风险分析】造成断路器上的检修作业人员人身伤害或设备损坏。

【相关规定】Q/GDW 1799.1—2013《国家电网公司电力安全工作规程 变电部分》13.11 条：继电保护、安全自动装置及自动化监控系统做传动试验、一次通电或进行直流输电系统功能试验时，应通知运行人员和有关人员，并由工作负责人或由他指派专人到现场监视方可进行。

【防范措施】在做断路器传动试验时，需核对试验设备双重编号、通知运行人员和有关人员，并由工作负责人或指派专人到现场监护，确保断路器现场无交叉作业人员后方可进行，对现场断路器动作情况及时反馈。

3.19 工作结束后未及时清理现场

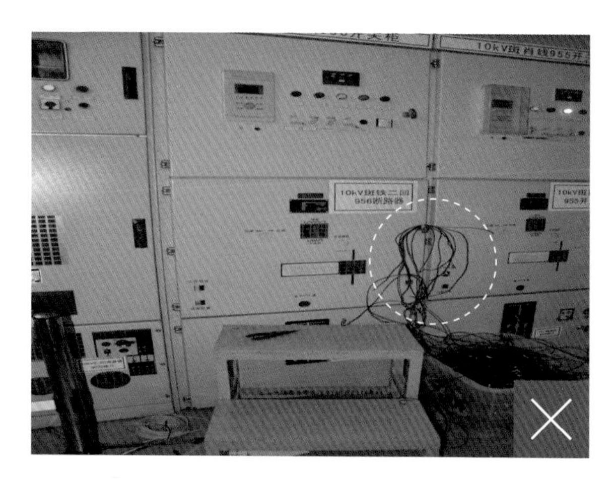

【风险分析】检修现场或设备上有遗留物，对设备运行造成隐患。

【相关规定】Q/GDW 1799.1—2013《国家电网公司电力安全工作规程 变电部分》6.5.5 条：全部工作完毕后，工作班应清扫、整理现场。

【防范措施】工作结束后及时清理工作现场，工作负责人应先周密地检查，待全体工作人员撤离工作地点后，再向运行人员交代所修项目、发现的问题、试验结果和存在问题等，并与运行人员共同检查设备状况、状态，有无遗留物件，是否清洁等，然后在工作票上填明工作结束时间。经双方签名后，表示工作终结。

3.20　检修工作中执行和恢复二次安全措施时无专人监护

【风险分析】存在误碰、误接线的风险。

【相关规定】Q/GDW 1799.1—2013《国家电网公司电力安全工作规程　变电部分》13.4.2 条：监护人由技术水平较高及有经验的人担任，执行人、恢复人由工作班成员担任，按二次工作安全措施票的顺序进行。

【防范措施】工作前对二次设备认真勘察、填写正确完备的二次安全措施票，在保护装置检修工作中执行和恢复安全措施时，设专人进行监护，在安全措施票上逐项打钩和签字确认。工作负责人、专责监护人应始终在工作现场，对工作班人员的安全认真监护，及时纠正不安全的行为。

3.21　二次回路拆线未用绝缘胶布包扎

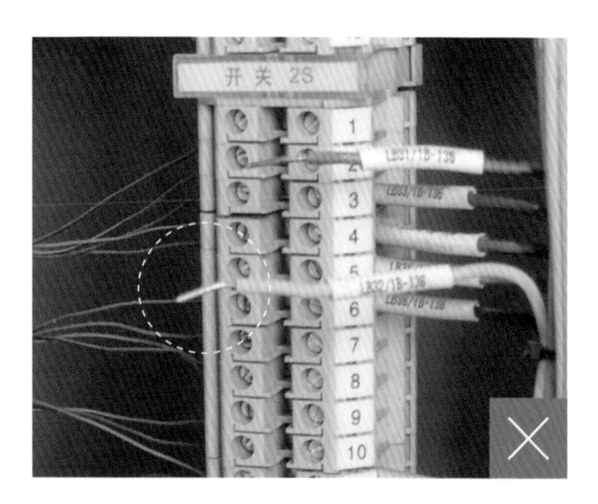

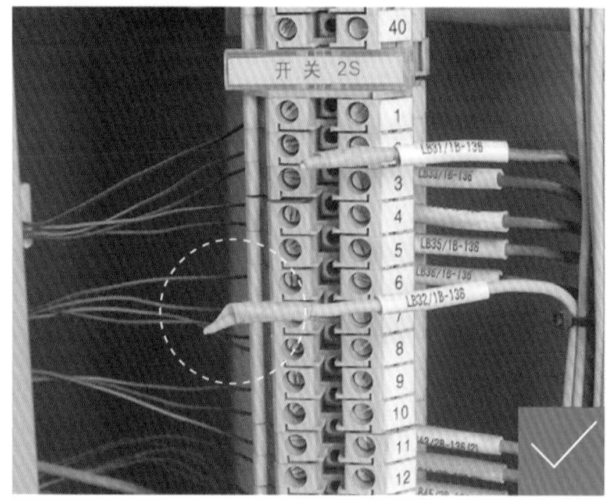

【风险分析】裸露的电缆芯线头误碰其他接线端，造成直流接地、设备误动或人身伤害。

【相关规定】《国家电网公司十八项电网重大反事故措施（修订版）及编制说明》15.5.1 条：防止继电保护“三误”（误碰、误接线、误整定）。

【防范措施】解开的电缆芯线头应立即用绝缘胶布包扎好。工作时应有专人监护并记录在二次安全措施票上，禁止将回路的安全接地点断开。

3.22 试验时交流二次电压回路通电，二次电压回路未断开

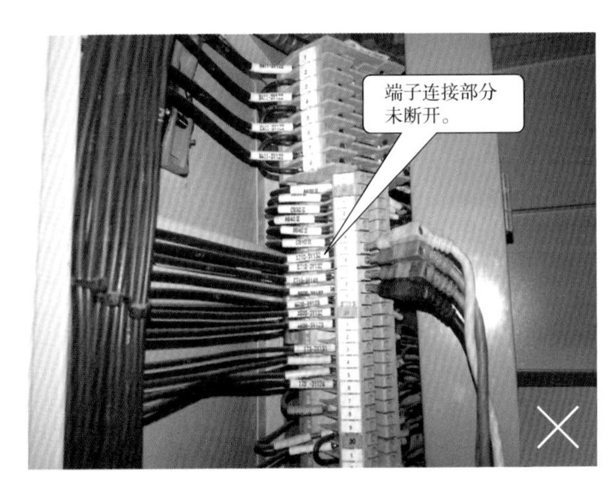

【风险分析】二次电压倒送至电压互感器一次侧，造成电压互感器一次设备上工作人员触电伤亡及设备损坏事故。

【相关规定】Q/GDW 1799.1—2013《国家电网公司电力安全工作规程　变电部分》13.15 条：电压互感器的二次回路通电试验时，为防止由二次侧向一次侧反充电，除应将二次回路断开外，还应取下电压互感器高压熔断器或断开电压互感器一次隔离开关。

【防范措施】二次回路通电试验前应可靠断开至电压互感器二次侧的回路，并将断开的回路记录在二次安全措施票上，试验接线应防止误接至运行的电压二次回路上。

3.23 作业人员随意摆放试验设备，造成通道阻塞

【风险分析】通道拥挤易误碰运行设备，造成运行设备误动；阻碍运行人员及时处理事故。

【相关规定】Q/GDW 1799.1—2013《国家电网公司电力安全工作规程　变电部分》13.10 条：在继电保护、安全自动装置及自动化监控系统屏间的通道上搬运或安放试验设备时，不能阻塞通道。

【防范措施】试验设备应摆放规范，不能阻塞通道，要与运行设备保持一定距离，防止事故处理时通道不畅，防止误碰运行设备，造成相关运行设备继电保护误动作。工作人员离开现场前应断开试验设备电源。

3.24 将裸露电源线接入插座搭电

【风险分析】短路损坏插座及电源线、造成上一级熔断器误动，裸露电源线造成人身触电伤亡。

【相关规定】DL 5009.3—2013《电力建设安全工作规程 第3部分：变电站》3.3.3.4条：严禁将电线直接钩挂在隔离开关上或直接插入插座内使用。

【防范措施】应在试验电源屏或试验电源箱上取电，接入前应确定电压是否符合工作要求。插座是否完好有无短路，无插座的电源线应接入带有熔断器的下端子上，且先接中性线，后接相线。

3.25 试验仪器从运行设备上直接取试验电源

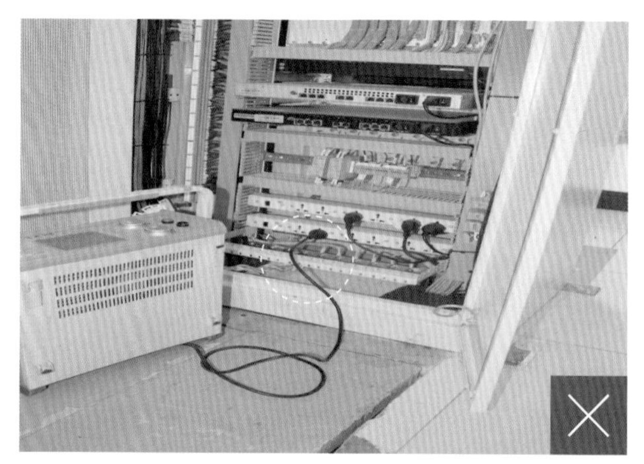

【风险分析】若试验仪器故障，易造成运行设备电源短路；熔断器越级跳闸扩大事故范围。

【相关规定】Q/GDW 1799.1—2013《国家电网公司电力安全工作规程 变电部分》13.18 条：被检修设备及试验仪器禁止从运行设备上直接取试验电源。

【防范措施】应在试验电源屏或试验电源箱上取电，接入前应确定电压是否符合工作要求。插座是否完好有无短路，无插座的电源线应接入带有熔断器的下端子上，且先接中性线，后接相线。

3.26 在光纤回路工作时，未采取防护措施导致激光对人眼造成伤害

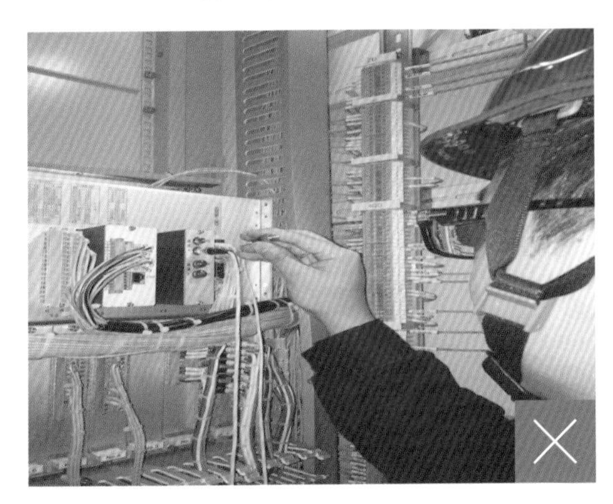

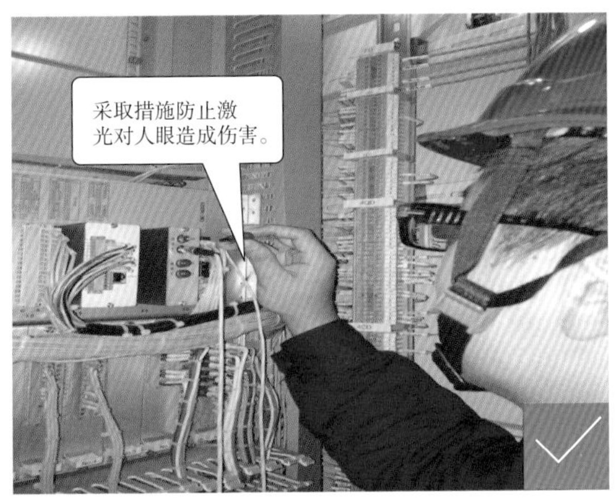

【风险分析】激光直射导致人眼受损。

【相关规定】Q/GDW 1799.1—2013《国家电网公司电力安全工作规程　变电部分》13.16条：在光纤回路工作时，应采取相应防护措施防止激光对人眼造成伤害。

【防范措施】在光纤回路上工作前，应先停用发光源设备后再开始工作。确不能停用的，在断开光纤接头时，应避免发光源设备和光纤接头所发出的激光直射人眼并及时安装好防尘罩。

3.27　使用万用表通断挡测量电压

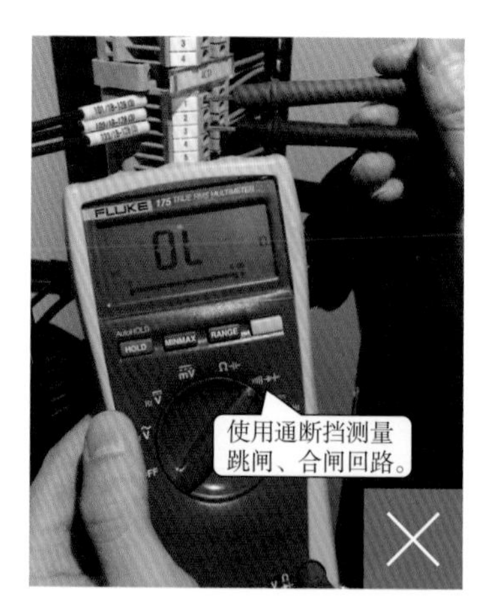

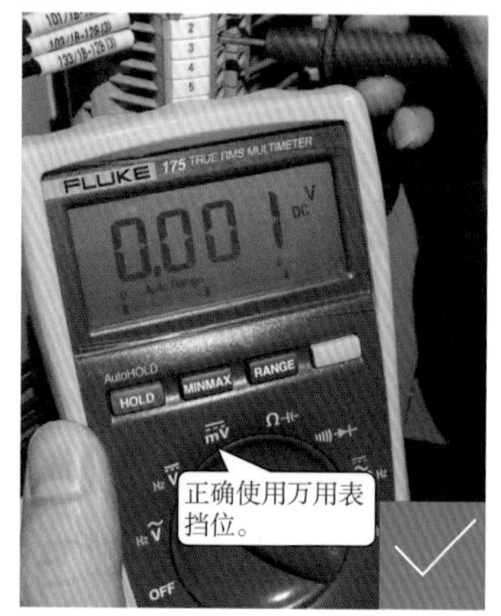

【风险分析】使用万用表通断挡测量电压会烧毁万用表。若通断挡测量跳闸回路，则会沟通跳闸回路造成断路器误动作。

【相关规定】Q/GDW 1799.1—2013《国家电网公司电力安全工作规程　变电部分》6.3.11.5 条：正确使用施工器具、安全工器具和劳动防护用品。

【防范措施】根据测量对象选择正确挡位，选择挡位时要小心谨慎，并在测量之前核对无误后，方可进行测量。不允许带电测量，在测量某一电路的电阻时，必须切断被测电路的电源。

3.28 检修人员擅自投退保护压板

【风险分析】因检修人员不按调度要求，擅自投退压板可能造成运行设备误动拒动。

【相关规定】Q/GDW 1799.1—2013《国家电网公司电力安全工作规程　变电部分》13.17 条：作业人员不准对运行中保护压板进行操作。

【防范措施】检修工作中确需投退运行中保护压板时，需由运维人员向调度申请许可后由运维人员对其操作，检修工作完成后应及时告知运维人员。

3.29 在蓄电池室内进餐

【风险分析】存在食物腐蚀蓄电池、饮料流入蓄电池导致蓄电池短路的风险。

【相关规定】DL 5009.3—2013《电力建设安全工作规程 第3部分：变电站》5.3.4.10条：不得在蓄电池室内进餐、存放食物或饮料。

【防范措施】在对蓄电池进行充放电试验的过程中，确需就餐时需留一人在蓄电池室对运行工况进行监视，食物与饮料不得带进蓄电池室。

3.30 变压器本体重瓦斯保护带断路器传动试验使用短接线短接跳闸触点

【风险分析】 使用短接线短接气体继电器触点，无法对气体继电器实际动作进行确认。实际运行中，变压器本体故障时，可能气体继电器拒动，无法切除故障，造成变压器损坏，扩大事故范围。

【相关规定】《电力系统继电保护及安全装置反事故措施要点》13.5 条：不允许用卡继电器触点、短路触点或类似人为手段作保护装置的整组试验。

【防范措施】 在做变压器本体保护试验时，应由两人在变压器上对其气体继电器通过按探针的方式进行试验，一人在控制室对变压器非电量保护装置动作情况进行确认。

4 试验化验典型违章

4.1 高压试验只有一人工作

【风险分析】试验人员注意力集中于试验仪器、设备，易忽视周围环境、人员，可能导致无关人员靠近试验区域造成伤害。

【相关规定】Q/GDW 1799.1—2013《国家电网公司电力安全工作规程　变电部分》14.1.2 条：高压试验工作不得少于两人。

【防范措施】高压试验工作不得少于两人，试验负责人应向试验人员详细布置试验中的安全注意事项，交代邻近间隔的带电部位及危险点，正确设置试验围栏，工作中有人监护，防止其他人员误入试验区域造成触电伤害事故。

4.2 高压试验工作加压过程中失去监护

【风险分析】易造成其他人员误入试验区域，发生触电伤害事故。

【相关规定】Q/GDW 1799.1—2013《国家电网公司电力安全工作规程　变电部分》14.1.6 条：加压前应认真检查试验接线，经确认后，通知所有人员离开被试设备，并取得试验负责人许可，方可加压。加压过程中应有人监护并呼唱。

【防范措施】试验前告知工作总负责人，确认所有人员已离开被试设备，检查被试设备与其他设备是否有明显断开点，取得试验负责人许可方可加压，试验过程中设专人监护。

4.3 高压试验区域未装设围栏

【风险分析】易导致其他工作人员误入试验区域，造成触电伤害。

【相关规定】Q/GDW 1799.1—2013《国家电网公司电力安全工作规程　变电部分》14.1.5 条：试验现场应装设遮栏或围栏，遮栏或围栏与试验设备高压部分应有足够的安全距离，向外悬挂“止步，高压危险！”的标示牌，并派人看守。

【防范措施】进行高压试验时，应在试验区域四周装设安全围栏，并在安全围栏上向外悬挂“止步，高压危险！”标示牌，工作中应设专人监护，防止其他工作人员误入试验区域。

4.4 高压试验工作前未检查试验接线

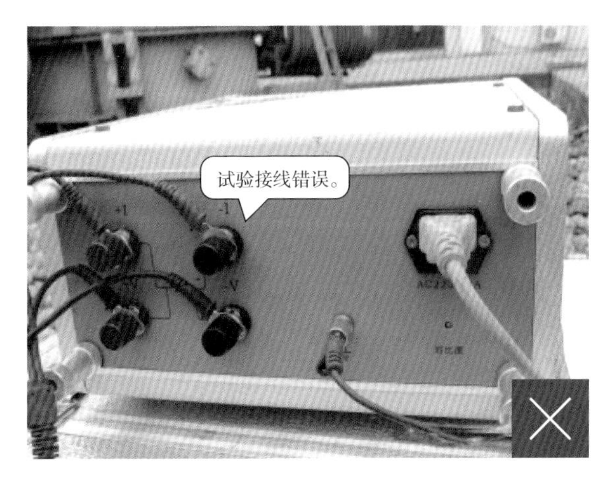

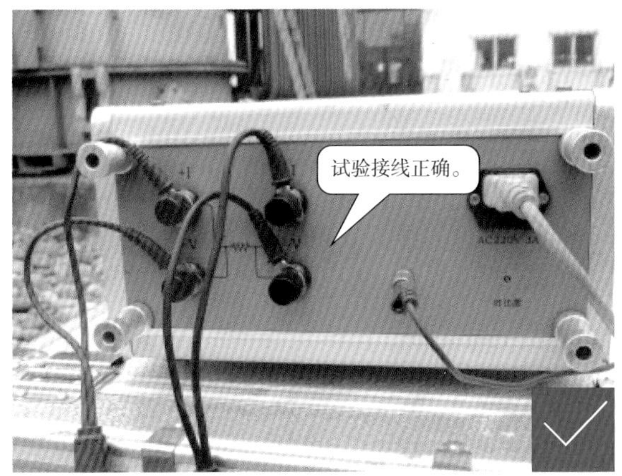

【风险分析】造成接线短路或仪器未接地，导致损坏仪器设备。

【相关规定】Q/GDW 1799.1—2013《国家电网公司电力安全工作规程　变电部分》14.1.6 条：加压前应认真检查试验接线，使用规范的短路线，表计倍率、量程、调压器零位及仪表的开始状态均正确无误，经确认后，通知所有人员离开被试设备，并取得试验负责人许可，方可加压。

【防范措施】高压试验前，试验人员应认真检查试验接线，并经试验负责人核实许可后，开始试验工作。

4.5 在高压试验工作中，使用的电源开关没有明显断开的双极刀闸

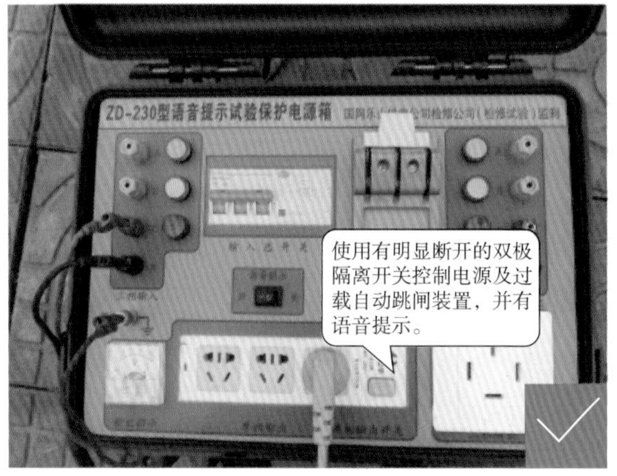

【风险分析】高压试验使用的电源开关没有明显断开点，不能确认试验电源是否完全断开，易导致试验人员在改接或拆除试验接线时造成触电伤害。

【相关规定】Q/GDW 1799.1—2013《国家电网公司电力安全工作规程　变电部分》14.1.4 条：试验装置的电源开关，应使用明显断开的双极隔离开关。

【防范措施】高压试验工作中应使用有明显断开的双极隔离开关控制电源箱，加装电压指示表和过载自动跳闸装置，控制电源箱具备语音提示功能。

4.6 在高压试验工作中，拆除接线未做标记，恢复时接线错误

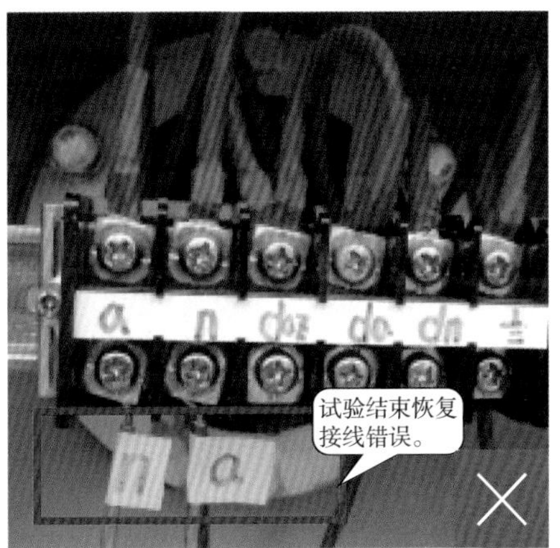

【风险分析】高压试验前拆除二次接线未做标记，试验后恢复接线错误，造成设备短路烧损设备。

【相关规定】Q/GDW 1799.1—2013《国家电网公司电力安全工作规程　变电部分》14.1.3 条：因试验需要断开设备接头时，拆前应做好标记，接后应进行检查。

【防范措施】高压试验需要拆除二次接线，拆前应做好标记，试验结束后，按标记逐一恢复，试验负责人检查复核，防止漏接线或接线错误。

4.7 在绝缘试验工作时交叉作业

【风险分析】 造成其他检修人员触电伤害。

【相关规定】 Q/GDW 1799.1—2013《国家电网公司电力安全工作规程　变电部分》14.4.3 条：测量绝缘时，应将被测设备从各方面断开，验明无电压，确实证明设备无人工作后，方可进行。在测量中禁止他人接近被测设备。

【防范措施】 在进行绝缘试验前，必须确认试验回路上无其他人工作，禁止交叉作业，并设专人进行监护。

4.8 进行电力电缆耐压试验时，电缆另一端未派人看守

【风险分析】易造成其他人员误入带电区域、误碰电缆，发生触电伤害事故。

【相关规定】Q/GDW 1799.1—2013《国家电网公司电力安全工作规程　变电部分》15.2.2.2 条：电缆耐压试验前，加压端应做好安全措施，防止人员误入试验场所。另一端应设置围栏并挂上警告标示牌。如另一端是上杆的或是锯断电缆处，应派人看守。

【防范措施】电力电缆耐压试验前首先确认试验电缆回路上无其他人工作，电缆试验条件是否满足要求，电缆加压端应设置围栏，悬挂标示牌，另一端也应设置围栏、悬挂标示牌，并派专人看守，防止误碰。

4.9 高压试验完成后未对被试设备放电

【风险分析】变更接线或试验结束时触碰被试设备，残余电荷对试验人员放电，造成触电伤害。

【相关规定】Q/GDW 1799.1—2013《国家电网公司电力安全工作规程　变电部分》14.1.7 条：变更接线或试验结束时，应首先断开试验电源、放电，并将升压设备的高压部分放电、短路接地。

【防范措施】高压试验变更试验接线时，试验人员应戴绝缘手套，用电阻放电棒对被试设备充分放电后，才能更换试验接线。

4.10 直流电阻测试变更接线时试验仪器未充分放电

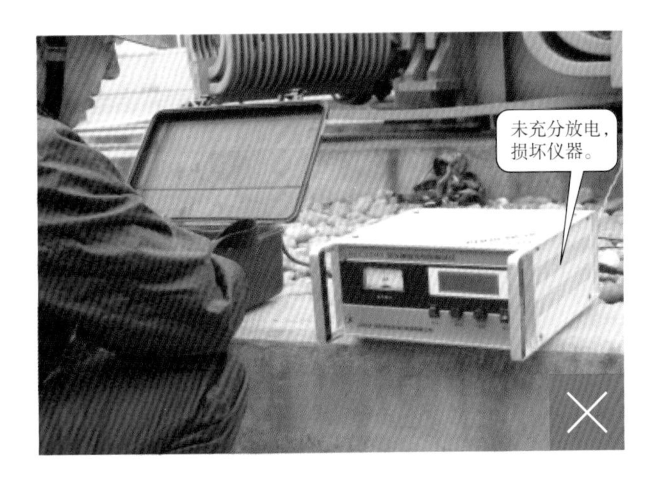

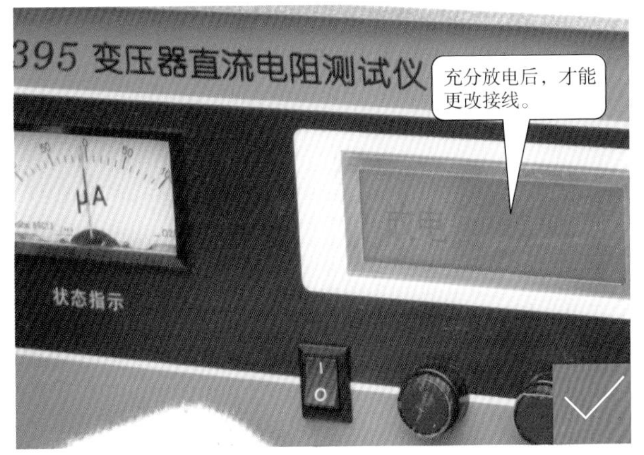

【风险分析】造成试验仪器损坏。

【相关规定】Q/GDW 1799.1—2013《国家电网公司电力安全工作规程 变电部分》14.1.8 条：未装接地线的大电容被试设备，应先行放电再做试验。高压直流试验时，每告一段落或试验结束时，应将设备对地放电数次并短路接地。

【防范措施】任一绕组测试完毕后，应进行充分放电后才能更改接线。

4.11 电流互感器试验结束后，未及时拆除二次端子短接线

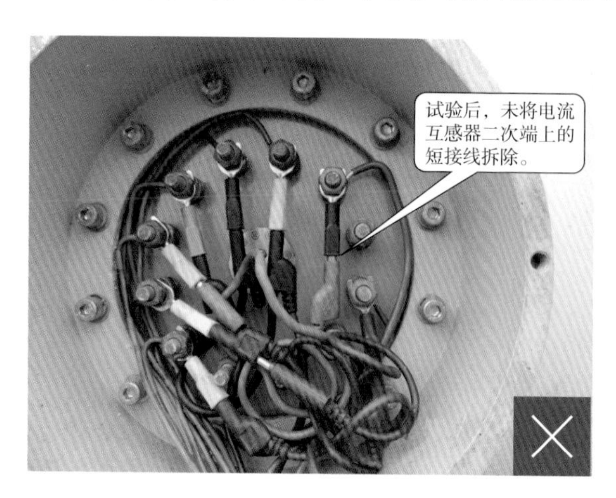

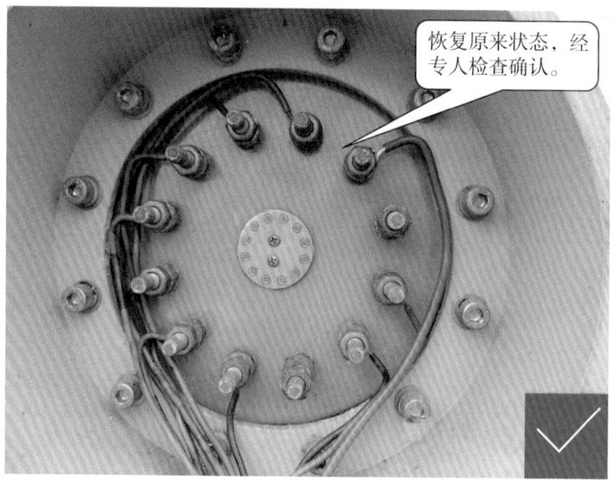

【风险分析】投运后电流互感器二次回路不能正常工作，可能导致保护误动或拒动。

【相关规定】Q/GDW 1799.1—2013《国家电网公司电力安全工作规程　变电部分》14.1.9 条：试验结束时，试验人员应拆除自装的接地短路线，并对被试设备进行检查，恢复试验前的状态，经试验负责人复查后，进行现场清理。

【防范措施】电流互感器试验前短路二次绕组，应使用短路片或短路线，由试验负责人检查是否短接可靠。电流互感器试验结束后，将二次绕组短路片或短路线拆除，恢复试验前状态，必须经试验负责人检查确认。

4.12 高压试验工作中未将试验仪器外壳接地

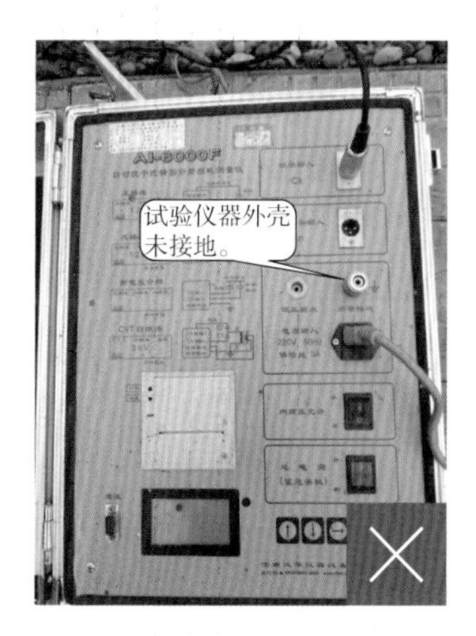

【风险分析】造成人身伤害或试验仪器损坏。

【相关规定】Q/GDW 1799.1—2013《国家电网公司电力安全工作规程　变电部分》14.2.6 条：金属外壳的仪器和变压器外壳应接地。

【防范措施】高压试验前，应使用截面积不小于 4mm² 的多股软铜线将试验仪器外壳及被试设备外壳接地，并检查接地是否可靠。

4.13 电气设备高压试验结束后，未正确恢复末屏接地

【风险分析】造成设备运行中末屏放电，烧损设备。

【相关规定】《国家电网公司十八项电网重大反事故措施（修订版）及编制说明》11.1.3.12 条：加强电流互感器末屏接地检测、检修及运行维护管理。对结构不合理、截面积偏小、强度不够的末屏应进行改造；检修结束后应检查确认末屏接地是否良好。

【防范措施】试验结束后，正确恢复末屏接地，必须经试验负责人检查核对，如接地线锈蚀，应及时加装接地。

4.14 避雷器带电测试时，应保持足够的安全距离

【风险分析】避雷器带电测试时，梯子或身体超过避雷器底部第一片瓷裙以上，安全距离不够，造成工作人员触电伤害。

【相关规定】Q/GDW 1799.1—2013《国家电网公司电力安全工作规程 变电部分》5.1.4 条：设备不停电时的安全距离：110kV 不小于 1.5m，220kV 不小于 3.0m。

【防范措施】避雷器带电测试接线时，工作人员应佩戴绝缘手套，梯子或身体严格控制在底部第一片瓷裙以下，保持足够的安全距离，试验负责人应始终在现场监护。

4.15 高压试验时试验接线未使用绝缘物固定

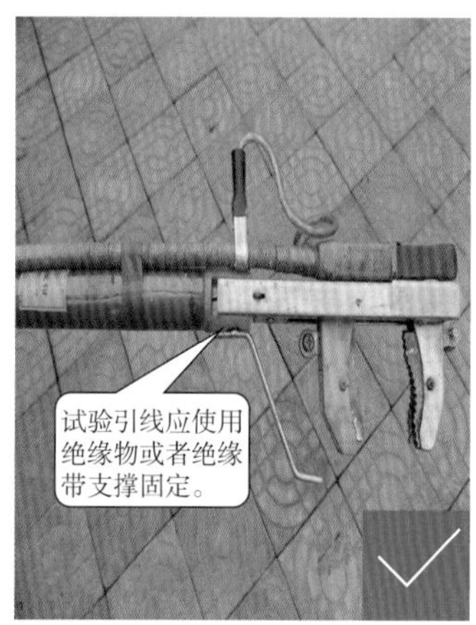

【风险分析】 高压试验时试验接线未使用绝缘物支持固定，加压过程中试验接线脱落，造成触电伤害。

【相关规定】 Q/GDW 1799.1—2013《国家电网公司电力安全工作规程　变电部分》14.1.4 条：高压引线应尽量缩短，并采用专用的高压试验线，必要时用绝缘物支持牢固。

【防范措施】 试验接线应使用专用接线器，高压引线应用绝缘物或者绝缘带支撑固定，防止引线脱落，并保证足够的对地距离。

4.16 电容器未经放电进行试验

【风险分析】单元式电容器组试验前未逐一进行放电，若外置式熔断器或内熔丝熔断，试验接线时易造成瞬间过电压放电，造成人身伤害和被试设备损坏。

【相关规定】Q/GDW 1799.1—2013《国家电网公司电力安全工作规程　变电部分》14.1.8 条：未装接地线的大电容被试设备，应先行放电再做试验。

【防范措施】大电容被试设备（如电容器、电缆）试验前，试验人员应佩戴绝缘手套、使用带电阻的放电棒对被试设备进行逐一、充分放电后并短路接地。

4.17 SF_6配电室入口无SF_6气体含量显示器

【风险分析】造成工作人员中毒或缺氧窒息。

【相关规定】Q/GDW 1799.1—2013《国家电网公司电力安全工作规程 变电部分》11.5 条：在 SF_6 配电装置室低位区应安装能报警的氧量仪和 SF_6 气体泄漏报警仪，在工作人员入口应装设显示器。上述仪器应定期检验，保证完好。

【防范措施】SF_6 配电室入口应正确安装 SF_6 气体含量显示器和氧量仪，工作人员进入 SF_6 配电室前应查看 SF_6 气体含量显示器是否存在 SF_6 气体泄漏及含氧量是否合格（含氧量不低于 18%，SF_6 气体含量不超过 1000μL/L），通风 15min 后方可进入。

4.18 SF_6气瓶任意摆放

【风险分析】可能造成气瓶爆炸，导致人身伤害。

【相关规定】Q/GDW 1799.1—2013《国家电网公司电力安全工作规程　变电部分》11.17 条：SF_6气瓶应放置在阴凉干燥、通风良好、敞开的专门场所，直立保存。

【防范措施】SF_6气瓶应放置在阴凉干燥、通风良好、敞开的专门场所，直立保存，并远离热源和油污的地方，防潮、防阳光暴晒，并不得有水分或油污沾在阀门上，搬运时，应轻装轻卸。

4.19 将SF_6气体直接排放到大气

【风险分析】造成工作人员中毒。

【相关规定】Q/GDW 1799.1—2013《国家电网公司电力安全工作规程　变电部分》11.11 条：设备内的 SF_6 气体不准向大气排放，应采取净化装置回收，经处理检测合格后方准再使用。

【防范措施】进行 SF_6 设备检修时，严禁将 SF_6 气体直接排放到大气中，作业人员应使用 SF_6 气体回收装置回收废气。回收时，作业人员应站在上风口。

4.20 SF_6气体采样未佩戴防毒面具

【风险分析】可能会造成人员中毒。

【相关规定】Q/GDW 1799.1—2013《国家电网公司电力安全工作规程 变电部分》11.14 条：进行气体采样和处理一般渗漏时，要戴防毒面具或正压式空气呼吸器并进行通风。

【防范措施】进行 SF_6 气体采样时，作业人员应正确佩戴防毒面具或正压式空气呼吸器进行工作并保持作业现场通风良好。仪器的采样时产生的尾气排放应远离工作人员。

4.21 实验室的有毒有害药品未单独存放

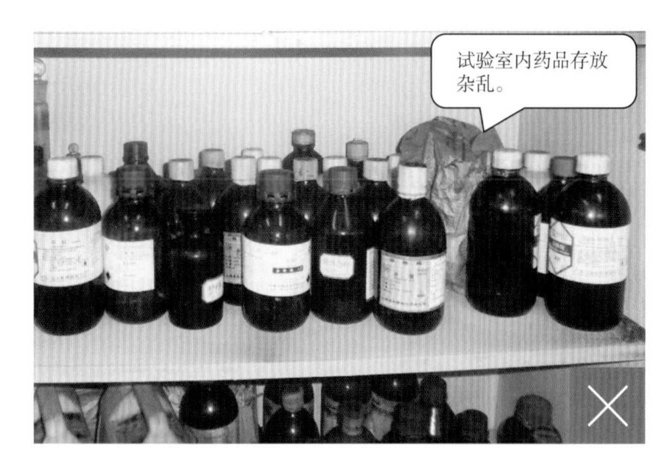

【风险分析】导致工作人员在使用药品时误用，危害人员安全。

【相关规定】DL 5009.3—2013《电力建设安全工作规程 第3部分：变电站》3.2.3.5条：易燃、易爆及有毒物品等应分别存放在与普通仓库隔离的专用库内，并按有关规定严格管理。

【防范措施】实验室的有毒有害药品应单独存放，在药品上贴清晰标签，设专人管理，严格领用制度。

4.22　在实验室内吃东西、吸烟

【风险分析】危害工作人员身体健康，可能会酿成火灾。

【相关规定】《实验室安全管理制度》：禁止在实验室、办公室吸烟、吃东西、随意堆放杂物。

【防范措施】试验室的环境内有可能会接触到有毒、有害、易燃、易爆等药品，在实验室内吸烟、吃东西会危害人员身体健康，吸烟可能会酿成火灾，因此试验室内严禁吸烟、吃东西。

4.23 开启高压气瓶时，工作人员正对减压阀站立操作

【风险分析】造成人员伤害。

【相关规定】《实验室安全管理制度》：开启高压气瓶时应缓慢，并不得将出口对人。

【防范措施】若工作人员正对减压阀，在开启钢瓶时，一旦减压阀突然脱落，强大的冲击力可能导致减压阀冲出造成人员伤害。因此在开启钢瓶时，工作人员不能正对减压阀站立进行操作，应站在减压阀的侧面进行操作。

4.24 实验室内使用强酸、强碱等试验药品未在通风橱操作

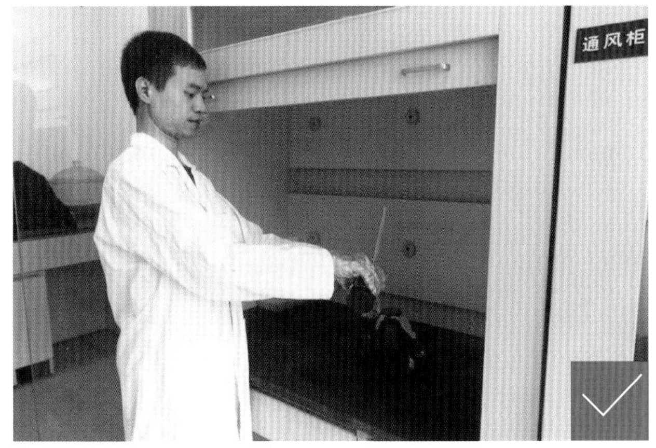

【风险分析】造成工作人员中毒窒息。

【相关规定】《实验室安全管理制度》：浓酸、烧碱具有强的腐蚀性，切勿溅到皮肤和衣服上，使用浓硝酸、浓盐酸、浓硫酸、高氯酸、氨水时，均应在通风橱或在通风情况下操作。

【防范措施】实验室使用强酸、强碱具有强烈的腐蚀性或挥发性的药品时，如果未在通风橱或在通风情况下操作，当挥发性气体浓度达到一定程度时，会造成人员中毒窒息。强酸、强碱具有强烈的腐蚀性或挥发性的药品应放置在通风橱或在通风情况下操作。

4.25 在检修工作中，单人进入配电室对SF_6断路器做试验

【风险分析】单人进入 SF_6 配电室失去监护，误碰或发生意外时不能及时发现。

【相关规定】Q/GDW 1799.1—2013《国家电网公司电力安全工作规程　变电部分》11.6 条：尽量避免一人进入 SF_6 配电室进行巡视，不准一人进入从事检修工作。

【防范措施】工作人员进入 SF_6 配电室前应查看 SF_6 气体含量显示器是否存在 SF_6 气体泄漏及含氧量是否合格（含氧量不低于 18%，SF_6 气体含量不超过 1000μL/L），通风 15min 后才能进入。在 SF_6 配电室内工作，工作时至少两人，一人监护，一人工作。

4.26 烘箱使用不正确

【风险分析】容易引起火灾。

【相关规定】DL 5009.3—2013《电力建设安全工作规程　第3部分：变电站》3.10.2.4条：烘烤已浸油的滤油纸时，应采取防止油滴在炉丝上面引起着火的措施。

【防范措施】烘箱使用是设置温度不宜超过100℃，烘烤浸油滤纸时应采取防止油滴在炉丝上的措施，遇到烤箱着火时，应切断电源，不能打开箱门。